Abhandlung

über

die Ursache der Schwere

von

Christian Huyghens.

Deutsch herausgegeben

von

RUDOLF MEWES

Ingenieur und Physiker.

BERLIN 1896.

Fischer's technologischer Verlag, **M. Krayn**

W., Köthener Strasse 46.

Abhandlung

über

die Ursache der Schwere

von

Christian Huyghens.

Deutsch herausgegeben

von

RUDOLF MEWES

Ingenieur und Physiker.

BERLIN 1896.

Fischer's technologischer Verlag, **M. Krayn**

W., Köthener Strasse 46.

Vorwort des Uebersetzers.

Durch die zahlreichen Arbeiten, welche in den letzten Jahrzehnten über die mechanische Erklärung der Gravitation geschrieben sind, hat nicht nur die mathematische Theorie der Gravitation, sondern in erhöhtem Maasse auch die physikalische Anschauung über das Wesen der Schwere erheblich an Klarheit und Sicherheit gewonnen. Von besonderer Wichtigkeit sind in dieser Hinsicht, abgesehen von den mathematischen Theorien Isenkrahes, Vaschys, Schramms, Anderson's u. a., vor allen Dingen die neusten Arbeiten von Herrn Professor Möller über die Fähigkeit der Aetherschwingungen, mechanische Arbeit zu leisten; zu erwähnen sind hier auch die ähnlichen, von mir bereits 1886 veröffentlichten Abhandlungen über die mechanische Erklärung der Gravitation auf Grund der Vibrationstheorie. Die Grundlage und erste Anregung aller dieser Forschungen ist auf die bisher noch nicht „überholte, ja meistens nicht einmal erreichte Arbeit des genialen niederländischen Physikers und Mathematikers Christian Huyghens „Discours sur la cause de la pésanteur“ zurückzuführen.

Schon aus diesem Grunde und ferner nicht minder darum, weil Huyghens in dieser kleinen Abhandlung schon die Grundzüge der modernen kinetischen Gastheorie für die mechanische Konstitution der Aethermaterie vorweggenommen hat, verdient diese höchst interessante Arbeit des verdienstvollen Forschers mehr, als bisher geschehen ist, beachtet und studirt zu werden. Bevor ich jedoch den Kern derselben vom Standpunkte der Wellenlehre, wie dieselbe in erster Linie durch Huyghens selbst begründet, sodann durch die Experimente von Crookes und Hertz und die diesbezüglichen oben erwähnten Abhandlungen über die Arbeitsleistung der Wellen erweitert worden ist, näher eingehe und den Hauptirrthum von Huyghens auf Grund der mechanischen Wellenlehre richtig stelle, will ich zur Orientirung einen kurzen Ueberblick über die historische Entwickelung dieser Ideen geben.

Welche Ansicht Newton selbst, der Entdecker des Gravitationsgesetzes, über die Ursache der Schwere gehegt hat, darüber ist vielfach und lange hin und her gestritten worden, denn fast jeder Physiker, der eine eigene Gravitationstheorie aufgestellt hat, hat in den verschiedenen und theilweise sogar zweideutigen Aeusserungen Newtons über die Attractionskraft diejenige Vorstellungsweise, welche der eigenen am nächsten verwandt ist, gesucht und oft mit leichter Mühe herauslesen können. Der innere Grund hierfür ist lediglich darin zu suchen, dass Newtons Anschauungen über die Ursache der Gravitationserscheinungen in seinem langen wissenschaftlichen Leben wesentliche Wandlungen durchgemacht haben, denn von der ursprünglichen Hypothese, nach welcher der Aetherdruck die Bewegungen der Himmelskörper nach mechanischen Gesetzen bewirke und welche er bereits im Jahre 1675 in einer Arbeit der R. S. dargelegt hat, gelangt er schliesslich in allmähligen Abstufungen, wie aus den Briefen, die er an Boyle, Halley und Bentley in den Jahren 1678, 1686 und 1693 geschrieben hat, und aus der zweiten Ausgabe seiner Principien zu ersehen ist, zu der ganz entgegengesetzten Meinung, dass die Gravitation eine causa simplicissima sei, für welche keine mechanische Erklärung angegeben werden könne. Da jedoch die Vorrede, in der dieser letzte Gedanke in scharfer, deutlicher Fassung ausgesprochen wird, nicht von Newton selbst, sondern von seinem Freunde Cotes herrührt, so dürfte man nicht fehlgehen, wenn man mit Maxwell die Urheberschaft der Lehre von der materiell unvermittelten Fernewirkung der Anziehungskraft nicht für den Entdecker der allgemeinen Gravitation, sondern für seinen Freund Cotes allein in Anspruch nimmt, zumal da Newton sich mehrfach klar und deutlich darüber ausgesprochen hat, dass eine unvermittelte Fernewirkung der Materie etwas Absurdes sei und kein mit logischer Denkfähigkeit begabter Forscher dieselbe annehmen könne. Präciser und treffender äussert sich Newton über diesen Punkt wohl kaum in einer anderen Stelle als in den folgenden Worten:

„That gravity should be innate, inherent and essential to matter so that one body may act upon another at a distance through a „vacuum“ without the mediation of anything else, by and through which their action and force may be conveyed from one to another is to me so great an absurdity that J believe no man, who has in philosophical matters a competent faculty of thinking, can ever fall in to it.“

Wenn auch Newton in einem Briefe vom Jahre 1693 an Bentley schreibt, dass er es der Erwägung seiner Leser überlasse, ob sie als Hintergrund der Gravitation ein materielles oder immaterielles Agens annehmen und durch den direkten Stoss der allseitig umherschwirrenden Aetheratome die Gravitationserscheinungen hervorgebracht wissen wollten — but whether this agent be material or immaterial, J have left to the consideration of my readers —, so lässt doch die vorstehend angeführte Aeusserung darüber nicht im Zweifel, welche Ansicht er selbst für die richtigere gehalten hat.

Gleichwohl fand aber die von Cotes in der Vorrede zur zweiten Auflage der Prinzipien angenommene Massenanziehung, die ihrem Wesen nach völlig transscendent ist, in Europa mehr und mehr Eingang, so dass selbst die von Huyghens schon damals aufgestellte Aetherstosstheorie, welche auf bedeutend sicheren und rein mechanischen Prinzipien ruhte, fast gar keinen Anklang fand und erst durch die neueren Forscher ihrem wahren Werthe nach gewürdigt werden musste. Die Grundvoraussetzung seiner Aetherstosstheorie legt Huyghens mit folgenden Worten dar:

„Um nunmehr die Schwere nach meiner Auffassung zu erklären, setze ich voraus, dass in dem Kreisraum, welcher die Erde und die bis auf eine grosse Entfernung rings um ihr befindlichen Körper umgiebt, eine flüssige Materie vorhanden ist, welche aus sehr kleinen Theilchen besteht, die sich divergent nach allen Richtungen mit grosser Geschwindigkeit bewegen. Wenn diese Materie aus jenem Raume, der von anderen Körpern umschlossen ist, nicht heraustreten kann, so muss ihre Bewegung nach meiner Behauptung zum Theil in eine um das Centrum rotirende übergehen; nicht jedoch in der Weise, dass sie alle in demselben Sinne rotiren sollen, sondern so, dass die Mehrzahl ihrer verschiedenen Bewegungen in kreisförmigen Bahnen in der Umgebung des besagten Raumes erfolgt, welcher darum auch der Erdmittelpunkt wird.“

Gemäss den erwähnten beiden anfänglichen Erklärungsversuchen der allgemeinen Massenanziehung spalten sich auch sämmtliche modernen Lösungen des Gravitationsproblemes bis in die jüngste Zeit hinein in zwei wesentlich von einander verschiedene Theorien, unter denen die einen, wie diejenige von Cotes, transscendent, die anderen mechanisch sind. Als Repräsentant der ersten Richtung ist vor allen Professor Zöllner zu nennen, der seine Theorie in der Abhandlung „Prinzipien einer elektrodynamischen Theorie der Materie" eingehend auseinandergesetzt hat. Nach ihm rühren die Gravitationserscheinungen von der Sensitivität und dem Willen — echt Schopenhauersch! — der Atome her. Es sind eben die Gegensätze der positiven und negativen Elektricität, welche den Anlass zu seiner Auffassungsweise gegeben haben. Da jedoch die unvermittelte Fernewirkung der mit positiver und negativer Elektricität begabten Atome nicht weniger transscendenter Natur ist, wie die immaterielle Anziehungskraft selbst, so geräth man bei Zöllner sozusagen vom Regen in die Traufe, und ist seiner Theorie sicherlich kein höherer Werth als der Newton-Cotes'schen oder, wenn man lieber will, der Bentley-Cotes'schen Hypothese zuzugestehen. Um übrigens die gewaltige Autorität Newtons für seine Auffassungsweise zu gewinnen, schiebt Zöllner der folgenden Aeusserung Newtons: „Es ist unbegreiflich, wie unbeseelte, leblose Materie ohne die Vermittelung von sonst Etwas, das nicht materiell ist, auf andere Materie ohne gegenseitige Berührung einwirken könne" folgenden Sinn unter: „Es ist begreiflich, wie beseelter, lebendiger Stoff ohne irgend eine sonstige Vermittelung auf einen anderen Körper wirken kann." Auf die Inkonsequenzen, auf welche eine derartige Anschauung unbedingt führen muss, hier näher einzugehen, dürfte sich kaum lohnen, und ich kann darauf um so eher verzichten, als bereits Isenkrahe dieselben in dem Werke „Das Räthsel der Gravitation", dem die meisten der vorgenannten Parallelstellen entnommen sind, in humoristisch-satyrischer Weise beleuchtet hat.

Die zweite (Huyghens'sche) Anschauungsweise wird besonders von Isenkrahe und den neueren Gravitationstheoretikern sowie von denjenigen Forschern vertreten, welche auf physikalisch-mechanischer Grundlage das schwierige Problem der allgemeinen Massenanziehung in Angriff genommen haben. In der That knüpfte Isenkrahe, wie Reis in seinem Lehrbuch der Physik hervorhebt, an die Vorstellung von Huyghens an, dass der Weltraum mit einem materiellen

Fluidum erfüllt sei, dessen äusserst feine Theilchen in unaufhörlicher Bewegung mit reissender Geschwindigkeit nach allen Richtungen begriffen seien. Nachdem er die grosse Zahl der seit Huyghens aufgestellten Theorien der Schwerkraft als ungenügend nachgewiesen hatte, bringt er seinen Versuch, das Räthsel der Schwerkraft zu lösen; das weltraumerfüllende Medium ist ihm einfach der Aether, dessen Atomen ausser der Untheilbarkeit und unendlichen Kleinheit nur die Grundeigenschaften alles Stoffes, Raumerfüllung und Beharrung oder Trägheit, zugeschrieben werden; mit Huyghens setzt er voraus, dass die Aetheratome in sehr schneller Bewegung, vielleicht mit einer Geschwindigkeit von 60 000 Meilen begriffen seien. Wie die Geschwindigkeit der Luftmoleküle (500) $^3/_2$ mal so gross ist, als die Geschwindigkeit der Luftwellen des Schalles (333 m), so mag auch die Geschwindigkeit der Aetheratome $^3/_2$ mal so gross sein als die Geschwindigkeit der Aetherwellen des Lichtes, also $^3/_2$ 40 000 = 60 000 Meilen.

Wie die Luftmoleküle durch ihre Stösse gegen eine Wand eine Gesammtwirkung äussern, die wir als Gasdruck oder Spannung kennen, so bringen die Aetheratome durch ihre Stösse gegen einen Körper eine Gesammtwirkung hervor, die mit Aetherdruck bezeichnet wird; dieser Aetherdruck und sein Auftrieb ist die Ursache der allgemeinen Anziehung, sowie sämmtlicher Aeusserungen derselben. Da auch die Elastizität eine Aeusserung der allgemeinen Anziehung ist, so muss auch sie durch die Aethertheorie erklärt werden; darum darf auch den Aetheratomen, so kalkulirt Isenkrahe, die Eigenschaft der Elasticität nicht beigelegt werden, weil sonst ein Räthsel durch ein anderes erklärt würde. Ebenso wenig wie wir es in der Natur mit absolut starren und harten kleinsten Massentheilchen zu thun haben, eben so wenig sind darin vollkommen elastische Atome vorhanden; das Richtige liegt zwischen diesen beiden wohl denkbaren, aber sachlich unzutreffenden Extremen, und müssen wir uns, wenn wir nicht in selbstgeschaffene Schwierigkeiten gerathen wollen, bei der Erklärung der Gravitation hüten, die Theorie auf den rein philosophischen Begriff eines absolut festen oder vollkommenen elastischen Aetheratoms zu gründen; denn Sachfragen lassen sich nur durch sachliche Actiome erklären und beantworten. In den letzten Fehler verfällt Vaschy, der 1886 eine neue mathematische Aetherstofftheorie der Gravitation aufstellte und dabei voraussetzt, dass die einzige Energie eines Aetheratoms seine lebendige Kraft sei, die es beim Abprall von einem anderen Atom vollständig behalte; damit hat das Aetheratom vollkommene Elasticität. Allerdings vermeidet er dabei den Fehler Isenkrahes, dessen Aetheratome ihre Geschwindigkeit beim Stosse vermindern, ohne dadurch wie beim unelastischen Stosse fester Körper Spannkraft zu erzeugen. Isenkrahes Theorie widerspricht also dem Princip von der Erhaltung der Kraft und damit hat sie sich selbst gerichtet!

Nun ist jedoch durch die vorzüglichen Exprimental-Untersuchungen von Professor Hertz, sowie durch die Arbeiten von Professor Möller - Braunschweig und mir nachgewiesen, dass der Aether der Träger der Electricität ist und dass auch die Gravitationserscheinungen, deren räumliche Bethätigungsweise dem elektrischen Wirkungsgesetze völlig konform ist, auf die Vermittelung des Aethers zurückzuführen sein dürften; die nächste Zukunft dürfte uns daher auch eine physikalisch wohlbegründete Aethertheorie der Gravitation bringen. Ist jedoch die Aethertheorie richtig, so müssen früher nicht berücksichtigte Umstände, wie die Geschwindigkeit, die Zeit und Temperatur, Einfluss auf die Gravitation haben. Die Vorderseite eines bewegten Körpers wird, wenn wir auf die Huyghens'sche Aetherstosstheorie bezugnehmen, offenbar von mehr Aetheratomen getroffen als dessen Rückseite, so dass die Gravitation eines bewegten Körpers von der eines ruhenden verschieden sein müsste. Dies hat bereits Huyghens in seiner hier in deutscher Sprache herausgegebenen Abhandlung über die Ursache der Schwere hervorgehoben; für die anziehende und abstossende Wirkung elektrischer Ströme hat dagegen Weber im Jahre 1874 in seinem elektrodynamischen Grundgesetze ausgesprochen, dass dieselbe nicht blos vom Quadrate der Entfernung, sondern auch von der Geschwindigkeit abhängt, während ich in meinem Aufsatze „Ueber die Erzeugung der Elektricität" dies Gesetz durch die Vibrationstheorie mit Hilfe des sogenannten Doppler'schen Prinzips begründet habe. Zum Ausdrucke dieser Abhängigkeit wählte jedoch Weber nicht die Anziehung und Abstossung selbst, sondern die Arbeit, welche geleistet wird, wenn zwei elektrische Theilchen aus unendlicher Entfernung von einander in die Entfernung r gelangen oder umgekehrt, d. h. das elektrische Potential. Aus der Integralrechnung folgt, dass das Potential für das Newton'sche Gravitationsgesetz die Form $m m^1/r$ annimmt, während es für das elektrodynamische Grundgesetz Webers in die Form $m m^1 (1 - v^2/c^2) / r$ übergeht, worin v die

Geschwindigkeit des bewegten Theilchens und c nahezu gleich 60 000 Meilen, der hypothetischen Geschwindigkeit der Aetheratome, ist. Weber erhielt diese Zahl aus seinen elektrodynamischen Versuchen. Zöllner sprach, vielleicht durch Huyghens angeregt, im Jahre 1875 die Ansicht aus, dass das Weber'sche Gesetz nicht blos das Grundgesetz der Elektrodynamik, sondern das der Wechselwirkung zweier Massen überhaupt, also auch der Gravitation sei, während das Newton'sche nur eine sehr starke Annäherung sei. Nach Tisserand (1872), Riemann und Helm ist der Unterschied wegen der geringen Eigenschwindigkeit der Himmelskörper so gering, dass er noch in die Grenzen der Beobachtungsfehler fällt.

Wenn nun auch Huyghens noch nicht die mathematische Formel für den Einfluss, den die Eigengeschwindigkeit der Massen auf die Grösse der Attraction ausübt, angiebt, so hat er doch den sachlichen Gehalt dieses Verhältnisses mit klaren Worten ausgesprochen und aus der Aetherstosstheorie abgeleitet.

Wenn ich die Huyghens'sche Anschauung über die mechanische Erklärung der Gravitation vom Standpunkte der Undulationstheorie aus prüfe, so muss ich zugestehen, dass auch von dieser Ansicht aus die Resultate, zu denen Huyghens gelangt ist, mit Ausnahme eines einzigen Punktes Gültigkeit behalten. Huyghens sagt nämlich: „Der Aether durchdringt leicht die Poren der Moleküle, aus denen die Körper zusammengesetzt sind, nicht aber die Moleküle selbst; denn dies bedingt gerade die verschiedenen Gewichte, wie z. B. der Steine, der Metalle u. s. w. Diejenigen dieser Körper, welche gleich schwer sind, müssen solcher Theilchen nicht der Zahl, sondern dem Volumen nach in gleicher Grösse enthalten; denn an seine Stelle allein kann die elastisch-flüssige Materie treten."

Dieser Schluss, der keineswegs mit Nothwendigkeit aus seiner Theorie folgt, ist falsch und stimmt nicht mit dem wirklichen Sachverhalt überein; Huyghens ist zu diesem Irrthum wahrscheinlich durch seinen Versuch mit dem rotirenden Wasser oder vielleicht auch durch eine nicht correcte Uebertragung des archimedischen Prinzips auf die Aetherflüssigkeit veranlasst worden. Wie sich nämlich aus meiner Behandlung des Gravitationsproblemes in dem Buche „Kraft und Masse" sowie auch aus der Berechnung der Molekülgrösse gleicher Gewichtsmengen nach den Angaben, welche E. u. U. Dühring in der zweiten Folge der Grundgesetze auf Seite 93 bis 95 gemacht haben, mit zweifelloser Sicherheit ergiebt, sind die Volumina der Moleküle gleich schwerer Substanzen nicht einander gleich, sondern ihren specifischen Gewichten umgekehrt proportional, d. h. das archimedische Prinzip hat auch Gültigkeit für den Aether, wie ja nach den allgemeinen Grundgesetzen über das Wesen der Materie nicht anders zu erwarten ist. Auf Seite 18 von „Kraft und Masse“ habe ich, um auf Grund der dortigen Resultate die vorstehende Behauptung zu beweisen, gezeigt, dass bei verschiedenen Temperaturen die Massen der Stoffe ihrem Emissionsvermögen direkt proportional sind, d. h. dass

$$M_1 : M_2 = T_1{}^2(T_1 - D) : T_2{}^2 (T_2 - D)$$

ist; nun verhalten sich aber nach Seite 15 daselbst die Emissionsvermögen zu einander wie

$$T_1{}^2(T_1 - D) : T_2{}^2(T_2 - D) = \frac{T_1 (T_1 - D)}{n_1{}^2 - 1} : \frac{T_2 (T_2 - D)}{n_2{}^2 - 1}$$

Bei gleicher Temperatur verhalten sich also die Massen

$$M_1 : M_2 = \frac{T (T - D)}{n_1{}^2 - 1} : \frac{T (T - D)}{n_2{}^2 - 1} = \frac{1}{n_1{}^2 - 1} : \frac{1}{n_2{}^2 - 1},$$

d. h. umgekehrt wie die brechenden Kräfte. Nach Seite 17 sind jedoch die brechenden Kräfte dem Molekülvolumen direct proportional, d. h. es verhält sich $n_1{}^2 - 1 : n_2{}^2 - 1 = x_1 : x_2$, folglich auch $M_1 : M_2 = x_2 : x_1$, d. h. die Massen oder die Gewichte sind der Molekülgrösse umgekehrt proportional. Mit anderen Worten heisst dies, dass bei gleichem Gewichte die Raumgrössen der Moleküle den specifischen Gewichten umgekehrt proportional sind.

Vorausgesetzt ist natürlich in diesen Fällen, dass auch der Druck, welchen die Moleküle der verschiedenen Substanzen erleiden, stets derselbe ist, und zwar ist hierbei an den Gesammtdruck gedacht, der sich aus dem äusseren Atmosphärendruck und der inneren Kohäsion der Moleküle zusammensetzt. Man kann daher die vorstehende Beziehung in präziser Form folgendermassen aussprechen: „Die Molekülvolumina sind bei gleichem Gewicht und Gesammtdruck und gleicher Temperatur den spezifischen Gewichten umgekehrt proportional.“ In der That ist dies der Fall, wie schon aus den wenigen Beweisdaten in Dührings zweiter Folge S. 93 bis 95 folgt.

Danach ist das Zwischenvolumen des Quecksilbers gleich 0,0451 oder ungefähr $^1/_{22}$ des ganzen Volumens. Da letzteres 0,0735 ccm pro g beträgt, so ist das Zwischenvolumen eines Grammes Quecksilber $\frac{0,0735}{22} = 0,00332$ ccm. Zieht man das Zwischenvolumen 0,00332 ccm von dem ganzen Volumen 0,0735 ccm ab, so erhält man für den Werth des einem Gramm Quecksilber entsprechenden Molekülvolumens 0,07018 ccm. Bei 16 827 Atmosphären Druck ist das Zwischenvolumen eines Grammes Wasserstoff 0,6675 ccm, bei 11 025 Atmosphären 1,08746 ccm, während das Gesammtvolumen nach Amagat bei 4000 Atmosphären gleich 8,3 ccm ist. Nach dem Zwischenvolumengesetz findet man dadurch aus den Proportionen

$$0,6675 : 8,3 - X = 4000 : 16\,000$$

und $$0,7375 : 8,3 - X = 4000 : 11\,000$$

für X die Werthe 5,63, bezüglich 6,3 ccm. Das Molekülvolumen des Kupfers für 1 g Gewicht erhält man, indem man von dem ganzen Volumen 0,1126 ccm das Zwischenvolumen 0,001582 ccm subtrahirt, gleich 0,111098 ccm. Nach dem oben aufgestellten Gesetz muss sich verhalten

$$\frac{5,63}{0,07} = \frac{13,5}{0,12} \text{ oder } 80 = 113$$

$$\frac{6,3}{0,07} = \frac{13,5}{0,12} \text{ oder } 90 = 113$$

$$\frac{0,1111}{0,07} = \frac{13,59}{8,88} \text{ oder } 1,58 = 1,53 \text{ sein.}$$

Der für die Berechnung des Molekülvolumens beim Wasserstoff benutzte Beobachtungswerth 8,3 ist von Amagat nur geschätzt worden, kann also nur annähernd richtig sein, wie ja auch aus der Verifikation der vorstehenden Proportionen sich ersehen lässt.

Aus den angeführten Beobachtungen kann man schon jetzt mit Sicherheit den Schluss ziehen, dass der oben erwähnte Satz von Huyghens über die Beziehung des Molekülvolumens zum Gewichte nicht richtig ist, dass vielmehr Huyghens das Gewicht nicht der Molekülgrösse direkt, sondern umgekehrt proportional hätte setzen müssen. Auch vom mechanischen Standpunkte aus führt die Aetherstosstheorie auf diese Schlussfolgerung; denn nicht das von den Molekülen eingenommene Volumen, sondern im Gegentheil der zwischen ihnen befindliche Raum ist infolge der Starrheit der Moleküle die Wirkungssphäre der Atomstösse, sodass also bei wachsender Molekülgrösse wegen der dadurch bedingten grösseren Poren eine grössere Zahl von Atomen ungehindert hindurchsausen kann, während bei kleinerer Molekülgrösse wegen der innigeren Aneinanderlagerung der Partikelchen auch die Zwischenräume kleiner werden und demnach auch eine grössere Zahl von Stössen auf die Gesammtheit der Moleküle trifft, d. h. je grösser das Molekülvolumen ist, um so geringer ist der Aetherdruck und umgekehrt. Dies ist aber mit dem von mir oben angeführten Satze identisch. Es gilt demnach auch für die elastischflüssige Aethermaterie das archimedische Prinzip.

Ganz besonders verdient noch darauf aufmerksam gemacht zu werden, dass Huyghens das Prinzip von der Koexistenz kleiner Schwingungen, das in seiner Undulationstheorie des Lichtes so herrliche Früchte getragen hat, auch in seiner Aetherstosstheorie anwendet. Auf diesen Punkt sowie auf die übrigen höchst interessanten Probleme, welche er an seine Erklärung der Gravitation anknüpft, hier näher einzugehen, dürfte überflüssig sein, da der Leser sich besser darüber durch die Lectüre der nachfolgenden deutschen Ausgabe der diesbezüglichen Abhandlung orientiren kann.

Rudolf Mewes.

Vorwort.

Wenn die Natur die schweren Körper zur Erde zieht, so wirkt sie auf so geheime und unerforschliche Weise, dass die Sinne trotz der grössten Aufmerksamkeit und Sorgfalt nichts darüber zu entdecken vermögen. Die Philosophen der vergangenen Jahrhunderte schrieben diese wunderbaren Wirkungen, welche sie nur in den Körpern selbst suchten, irgend einer inneren und inhärenten Eigenschaft zu, infolge deren dieselben zur Tiefe und nach dem Centrum hinstrebten, oder einem Antriebe der Elementartheile, sich gänzlich zu vereinigen. Dies heisst jedoch nicht die Ursachen auseinandersetzen, sondern dunkle und nicht verstandene Principien unterschieben. Dies dürfte man im Allgemeinen wohl denjenigen Forschern, welche sich mit ähnlichen Lösungen in sehr vielen Fällen begnügten, verzeihen können; keineswegs aber kann man es dem Demokrit und seinen Anhängern vergeben, dass sie trotz ihres Anspruches, alles durch die Atome zu erklären, die Schwere allein davon ausgenommen und dieselbe den irdischen Körpern und Atomen selbst beigelegt haben, ohne nachzufragen, woher sie ihnen kommen könne. Einige unter den modernen Stiftern und Erneuerern der Philosphie haben mit Recht gemeint, dass man zur Erklärung der Anziehung und Abstossung, welche man an den Körpern wahrnimmt, irgend etwas ausserhalb derselben aufsuchen müsse. Da sie jedoch theils zu einer dünnen und schweren Luft, welche durch ihren Druck das Fallen der Körper bewirkt, theils zu Geistern und immateriellen Ausstrahlungen ihre Zuflucht nehmen, so sind auch sie nicht weiter als die ersteren gegangen. Denn was den ersteren Fall betrifft, so spricht es sehr gegen die Gesetze der Mechanik zu behaupten, dass eine elastischflüssige und schwere Materie die von ihr umschlossenen Körper zur Tiefe drückt, während sie doch im Gegentheil dieselben, wenn man diese im Verhältniss zu ihr selbst als völlig gewichtslos annimmt, ganz ebenso wie das Wasser eine in dasselbe eingesenkte leere Phiole, aufsteigen lässt; die zweite Annahme erklärt dagegen nichts, da wir keine Kenntniss darüber besitzen, wie das, was unmateriell ist, eine körperliche Substanz in Bewegung zu setzen vermag.

Herr Descartes hat besser als seine Vorgänger erkannt, dass man in der Physik nichts besser begreift, als dasjenige, was man auf unsere Fassungskraft nicht übersteigende Prinzipien beziehen kann, wie diejenigen sind, welche von qualitätslosen Körpern und ihren Bewegungen abhängen. Hierbei liegt jedoch die grösste Schwierigkeit in der Erklärung, wie so viele verschiedene Vorgänge allein durch diese Prinzipien bewirkt werden; dieselbe ist ihm daher auch in mehreren besonderen Fällen, deren Untersuchung er sich vorgenommen hatte, nicht recht gelungen. Nach meiner Ansicht gehört hierzu unter anderen die Erklärung der Schwere. Nach den Anmerkungen, welche ich über seine diesbezüglichen Schriften an einigen Stellen gemacht habe, kann man sich ein Urtheil über diesen Gegenstand bilden; ich hoffe jedoch gerade hierdurch bald auch die anderweitigen Fragen zu begreifen. Indessen gestehe ich, dass seine Versuche und Ansichten, obwohl sie falsch sind, dazu beigetragen haben, mir den Weg zu den Resultaten zu bahnen, welche ich über diesen selbigen Gegenstand gefunden habe.

Ich stelle sie nicht als völlig fehlerlos, nicht als etwas hin, gegen das man nicht Einwendungen machen könne; denn es ist sehr schwierig, in Untersuchungen solcher Natur soweit zu gelangen. Wenn jedoch die Grundannahme, auf welche ich mich stütze, nicht die richtige ist, so besteht doch, wie ich glaube, ein wenig Hoffnung, dass man auf sie trifft, wenn man in den Grenzen der wahren und gesunden Naturphilosophie bleibt.

Uebrigens wird das hier Vorgetragene, soweit es nur die Ursache der Schwere betrifft, denen nicht neu erscheinen, welche die Abhandlung über Physik von Rohault gelesen haben, weil meine Theorie darin fast ganz vorgetragen ist. Denn als dieser Forscher meinen Versuch über das rotirende Wasser gesehen und die von mir gemachte Anwendung kennen gelernt hatte, hatte er in meiner Ansicht soviel

Wahrscheinlichkeit gefunden, dass er mir folgte. Weil er aber unter meine Gedanken diejenigen von Descartes und seine eigenen ohne Unterschied mischt, und weil er mehrere hierauf bezügliche Umstände, von denen er noch keine Kenntniss haben konnte, übergeht, so möchte ich gern zeigen, wie ich selbst diesen Gegenstand behandelt habe.

Der grösste Theil der Abhandlung ist zu der Zeit geschrieben worden, in welcher ich in Paris mich aufhielt, und befindet sich in den Bänden der Königlichen Akademie der Wissenschaften an der Stelle, wo über den nachtheiligen Einfluss der Erdrotation auf die Schwingungen des Pendels gesprochen ist. Der Rest ist mehrere Jahre nachher hinzugefügt worden, der Anhang dagegen erst später bei der Gelegenheit, welche man im Anfang desselben angegeben findet.

Wenn man in der Natur nur aus ein und derselben Materie gebildete Körper voraussetzt und denselben weder eine Eigenschaft noch irgend eine Neigung sich einander zu nähern, sondern nur verschiedene Grösse, Gestalt und Bewegung beilegt, so muss man, sage ich, um eine einleuchtende Ursache für die Schwere zu finden, untersuchen, wie es möglich ist, dass dennoch mehrere dieser Körper gerade gegen ein und dasselbe Centrum hinstreben und sich in der Umgebung desselben vereinigt halten; denn dies ist ja das gewöhnlichste und hauptsächlichste Phänomen bei dem, was wir Schwere nennen.

Die Einfachheit der von mir zugelassenen Prinzipien gestattet in diesen Untersuchungen nicht viel Wahl, denn man fällt wohl ohne weiteres das Urtheil, dass man weder der Gestalt noch der Kleinheit der Körperchen irgend eine der Schwere ähnliche Wirkung mit Wahrscheinlichkeit beilegen darf; die Schwere muss vielmehr als eine Kraft oder eine Neigung zur Bewegung wahrscheinlich auch durch eine Bewegung hervorgebracht sein. Es bleibt daher nur übrig zu untersuchen, auf welche Weise sie wirken und in welchen Körpern man sie antreffen kann.

Betrachtet man die Körper einfach ohne diejenige Eigenschaft, welche man Schwere nennt, so ist ihre Bewegung natürlich entweder geradlinig oder kreisförmig. Die erste kommt ihnen zu, wenn sie sich ohne Hinderniss bewegen; die andere, wenn sie um irgend ein Centrum festgehalten werden oder sich um ihr eigenes Centrum drehen. Wir kennen einigermassen die Natur der geradlinigen Bewegung und die Gesetze, welche die Körper bei der Mittheilung ihrer Bewegung beim Zusammenstoss befolgen. Aber sobald man nun den Charakter dieser Bewegung und die Wechselwirkung betrachtet, welche zwischen den materiellen Theilen stattfindet, so findet man nichts, was sie nach einem Centrum hinzustreben zwingt. Man muss also nothwendig zu den Eigenschaften der kreisförmigen Bewegung gelangen und zusehen, ob es darin irgend eine giebt, welche uns helfen kann.

Ich weiss, dass auch Herr Descartes in seiner Physik die Schwere durch die Bewegung einer gewissen um unsere Erde kreisenden Materie zu erklären versucht hat. Es ist höchst wichtig, diesen Gedanken zuerst aufgestellt zu haben. Man wird aber aus den Anmerkungen, welche ich über diese Abhandlung in der Folge machen werde, ersehen, worin sich seine Denkweise von derjenigen unterscheidet, welche ich aufzustellen gedenke, und auch worin sie mir fehlerhaft zu sein scheint. Er hat wie ich die Wirkung betrachtet, welche die rotirenden Körper von dem Centrum sich zu entfernen zwingt. Die Erfahrung gestattet uns nicht, dieselbe zu bezweifeln; denn wenn man einen Stein in einer Schleuder herumschwingt, so spürt man, dass er auf unsere Hand einen Zug ausübt, und zwar einen um so stärkeren, je schneller man dreht. Dies geht sogar soweit, dass die Schnur zerreisst. Ich habe gerade diese Eigenschaft der Kreisbewegung sichtbar gemacht, indem ich schwere Körper auf einem im Centrum durchbohrten und um einen Zapfen drehbaren Tisch befestigte. Ich habe die Kraft bestimmt und mehrere Theoreme gefunden, welche zu ihr in Beziehung stehen. Man kann dies am Schlusse des Buches sehen, das ich über die Bewegung des Pendels geschrieben habe. Beispielsweise sagte ich, dass ein an einer horizontal gespannten Sehne rotirender Körper, wenn er sich mit der Geschwindigkeit bewegt, welche er durch seinen Fall von einer der Hälfte derselben Sehne gleichen Höhe würde erlangen können, d. h. dem Viertel des Durchmessers des beschriebenen Kreises, gerade mit eben soviel Kraft angezogen wurde, als wenn derselbe Körper in der Luft aufgehängt und unterstützt wurde.

Die Kraft, sich von dem Centrum zu entfernen, ist also eine beständige Wirkung der kreisförmigen Bewegung, und obgleich diese Wirkung derjenigen der Schwere direct entgegengesetzt zu sein scheint und obgleich man dem Copernikus entgegnet hat, dass durch die Rotation der Erde in vierundzwanzig Stunden die Häuser und Menschen in die Luft geschleudert werden müssten, so werde ich gleichwohl zeigen, dass gerade diese Kraft, welche die rotirenden Körper von ihrem Centrum zu entfernen strebt, die Ursache dafür ist, dass andere Körper nach demselben Centrum gedrängt werden. Denken wir uns, dass die in dem Raume ABC enthaltene flüssige Materie um das Centrum D rotire und aus demselben wegen der sie umgebenden Körper nicht heraustreten könne. Es ist sicher, dass alle Theile dieser Flüssigkeit von dem Centrum D sich zu entfernen streben; aber ohne irgend welche Wirkung, weil diejenigen, welche an ihre Stelle treten müssten, dieselbe Neigung haben, sich von jenem Centrum zu entfernen. Aber wenn es unter den Theilen dieser Materie einen gäbe, wie z. B. E, welcher der kreisenden Bewegung der übrigen nicht folgt oder nur weniger schnell als die ihn umgebenden sich bewegt, so wird er, behaupte ich, nach dem Centrum hingetrieben; denn weil er kein Bestreben hat, sich davon zu entfernen, oder dies weniger als die nächsten Theile thut, so wird er der Kraft derjenigen weichen, welche von dem Centrum D weniger entfernt sind, und ihnen Platz machen, indem er sich diesem Centrum nähert, da er dies ja auf andere Weise nicht würde thun können.

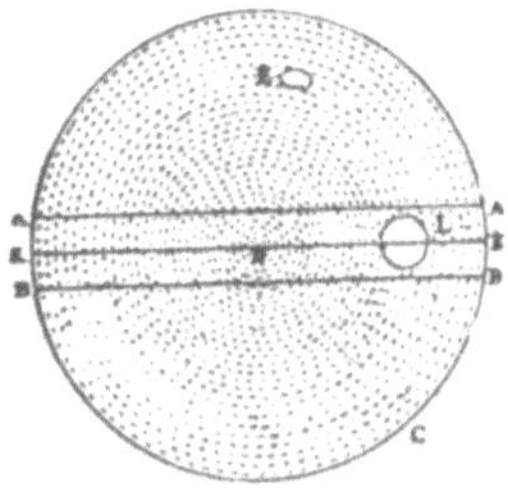

Man kann diese Wirkungen durch ein Experiment sichtbar machen, welches ich gerade für diesen Zweck angestellt habe; dasselbe verdient wohl dargestellt zu werden, da es dem Auge ein Bild der Schwere vorführt. Ich nehme ein cylindrisches Gefäss von ungefähr 8—10 Zoll im Durchmesser, das einen geglätteten und polirten Boden besitzt; seine Höhe betrug nur die Hälfte oder ein Drittel seiner Breite. Nachdem ich es mit Wasser gefüllt hatte, warf ich gestossenen Siegellack hinein, der, obgleich er wenig schwerer als Wasser war, auf den Boden fiel; darauf bedeckte ich es mit einem Glase, das unmittelbar auf das Wasser aufgelegt war, und verkittete es ringsherum mit Cement, damit nichts herauslaufen konnte. Das so hergerichtete Gefäss stellte ich in die Mitte des kurz vorher erwähnten runden

Tisches. Und als ich ihn rotiren liess, sah ich sogleich, dass die Siegellackstückchen, welche den Boden berührten und der Bewegung des Gefässes besser als das Wasser folgten, sich vollständig um den Gefässrand herumzustellen anschickten, weil sie eine grössere Kraft, vom Centrum sich zu entfernen, hatten als das Wasser. Nachdem ich aber eine kleine Zeit lang das Gefäss um den Tisch sich hatte drehen lassen, wodurch das Wasser allmählich eine kreisförmige Bewegung erlangte, hielt ich plötzlich den Tisch an; und darauf vereinigte sich sogleich aller Siegellack im Centrum zu einem Haufen, was mir die Wirkung der Schwere darstellte. Der Grund dafür war, dass das Wasser trotz der Ruhe des Gefässes noch seine kreisförmige Bewegung und demgemäss auch das Bestreben, sich von dem Centrum zu entfernen, beibehielt, während der Siegellack es statt dessen verloren hatte, da er beinahe den Boden des aufgehaltenen Gefässes berührte. Ich bemerkte auch, dass dies Pulver in Spirallinien zum Centrum zu wandern strebte, da ja das Wasser es noch ein wenig mitriss. Aber wenn man in dieses Gefäss einen Körper in der Weise hineinlegt, dass er der Bewegung des Wassers durchaus nicht folgen, sondern nur nach dem Centrum sich hin bewegen kann, so wird er dann dorthin in ganz gerader Linie getrieben. Wenn beispielsweise L eine kleine Kugel ist, welche frei auf dem Boden zwischen den beiden Fäden AA, BB und einem dritten ein wenig höheren, horizontal durch die Mitte des Gefässes gespannten Faden KK rollen kann, so wird man diese Kugel, sobald die Bewegung des Gefässes gehemmt wird, zum Centrum D gehen sehen. Da man in diesem letzten Falle dem Körper L selbst das Gewicht des Wassers geben kann und dann der Vorgang sich noch besser gestalten wird, so zeigen die in dem Gefäss befindlichen Körper dann selbst ohne irgend eine Gewichtsdifferenz die hier fragliche Bewegung als alleinige Wirkung.

Der Versuch, welchen Herr Descartes in einem seiner ungedruckten Briefe vorschlägt, unterscheidet sich sehr von dem vorstehenden, denn er füllt ein Gefäss ABC mit Vogeldunst (fein Schrot) an, mischt dazwischen einige Stücke Holz oder irgend einen anderen Stoff, der leichter als Blei ist. Wenn er alles zusammen rotiren lässt, so werden die Holzstücke nach seiner Behauptung nach der Mitte des Gefässes hingetrieben; das will ich gern glauben, vorausgesetzt natürlich, dass man leicht auf den Rand des Gefässes klopft, um die Trennung dieser beiden Stoffe zu erleichtern. Aber dieser Vorgang hier ist durchaus nicht geeignet, die

Wirkung der Schwere zu veranschaulichen, da man ja aus demselben Versuch wird schliessen müssen, dass diejenigen Körper, welche die geringste Masse besitzen, gerade die schwersten sind; dies ist jedoch dem entgegengesetzt, was man bei der wahren Schwere bemerkt. Er schlägt vor, in das rotirende Wasser kleine Holzstückchen zu werfen und behauptet, dass sie zur Mitte des Wassers gehen werden. Wie die Erscheinung lehrt, findet nach dem Orte zu urtheilen, zu welchem auf dem Wasser schwimmendes Holz hinstrebt, keine Vereinigung in einem Punkte statt. Aber wenn man bewirken will, dass es auf dem Boden hingleite, so erhält man in Wahrheit denselben Versuch, welchen ich kurz vorher vorgeschlagen habe. Das Holz wird sich im Mittelpunkt eben aus dem Grunde anhäufen, weil es den Boden des Gefässes berührt und dadurch seine gleichförmige Bewegung verzögert wird. Hierüber hat jedoch Herr Descartes nichts gesagt.

Nachdem man in der Natur eine der Schwere ähnliche Wirkung, deren Ursache bekannt ist, aufgefunden hat, bleibt es übrig zu untersuchen, ob man annehmen darf, dass in Bezug auf die Erde etwas ähnliches stattfindet, d. h., dass es eine Bewegung der Materie giebt, welche den Körper nach einem Centrum sich zu bewegen zwingt und gleichzeitig für alle anderen Erscheinungen der Schwere passt.

Setzt man die tägliche Rotationsbewegung der Erde voraus und nimmt an, dass die sie umgebende Luft und der Aether dieselbe Bewegung haben, so ist damit noch nicht die Bedingung gegeben, welche die Schwere hervorbringen muss; denn nach dem kurz vorher dargelegten Versuche brauchen die terrestrischen Köper dieser kreisenden Bewegung der Aethermaterie nicht zu folgen, sondern müssen in Bezug auf sie in Ruhe sein, können am allerwenigsten aber durch sie nach dem Mittelpunkt gestossen werden.

Wenn man annehmen wollte, dass die Aethermaterie sich nach derselben Seite wie die Erde, aber mit viel grösserer Geschwindigkeit dreht, so würde daraus folgen, dass diese reissende Bewegung einer Materie, welche sich beständig und ganz und gar nach ein und derselben Seite bewegen würde, sich bemerkbar machen und die auf der Erde befindlichen Körper ebenso mit sich fortführen würde, wie das Wasser in unserem Versuch den Siegellack fortzieht. Und doch geschieht dies keineswegs. Ausserdem würde aber diese kreisförmige Bewegung um die Achse der Erde in jedem Falle die Körper, welche nicht derselben

Bewegung folgen, nur gegen eben diese Achse hintreiben können, so dass wir die schweren Körper nicht senkrecht zur horizontalen, sondern in zur Erdachse senkrechten Linien würden fallen sehen; dies streitet ebenfalls wider die Erfahrung.

Um nunmehr die Schwere nach meiner Auffassung zu erklären, setze ich voraus, dass in dem Kreisraum, welcher die Erde und die bis auf eine grosse Entfernung rings um ihr befindlichen Körper umgiebt, eine flüssige Materie vorhanden ist, welche aus sehr kleinen Theilchen besteht, die sich divergent nach allen Richtungen mit grosser Geschwindigkeit bewegen. Wenn diese Materie aus jenem Raume, der von anderen Körpern umschlossen ist, nicht heraustreten kann, so muss ihre Bewegung nach meiner Behauptung zum Theil in eine um das Centrum rotirende übergehen; nicht jedoch in der Weise, dass sie alle in demselben Sinne rotiren sollen, sondern so, dass die Mehrzahl ihrer verschiedenen Bewegungen in kreisförmigen Bahnen in der Umgebung des besagten Raumes erfolgt, welcher darum auch der Erdmittelpunkt wird.

Die Ursache dieser Kreisbewegung liegt in dem Umstande, dass die in einem Raume eingeschlossene Materie sich leichter auf diese Weise bewegt, als in gegeneinander gerichteten geraden Bewegungslinien; diese Materie kann sogar durch ihre Rückwirkung, weil sie ja nicht aus dem sie umgebenden Raume heraustreten kann, gezwungen werden, sich in kreisförmige Bewegung umzusetzen.

Man sieht diese Wirkung der Bewegung, sobald man selber im Probiertiegel prüft; denn die kleine mit Silber vermischte Bleikugel dreht sich, da ihre Moleküle durch die Wärme in starke Schwingungen versetzt werden, unaufhörlich um ihr Centrum, bald nach der einen bald nach der andern Seite, in jedem Augenblicke so schnell wechselnd, dass das Auge es nur mit Mühe bemerken kann. Derselbe Vorgang findet auch bei dem Tropfen einer Talgkerze statt; denn sobald man ihn an der Spitze in der Schwebe hält und ihn der Flamme nähert, beginnt er mit einer sehr grossen Geschwindigkeit zu rotiren.

Es ist wahr, dass dieser Tropfen sich gewöhnlich ganz nach der einen oder anderen Seite dreht, je nachdem die Kerzenflamme ihn berührt. Aber bei der Aethermaterie, welche ich angenommen habe, darf dasselbe nicht stattfinden, weil dieselbe, da sie einmal eine Bewegung nach allen Richtungen hat, in einer kreisförmigen Bewegung immer verharren muss, wenn sie in eine solche übergeführt wurde;

denn es ist kein Grund vorhanden, warum die Bewegung eines Theils der Materie sie auf diejenige der übrigen übertragen und so bewirken solle, dass die ganze Masse rotire. Im Gegentheil ist ja das von mir anderswo vorgetragene Naturgesetz so beschaffen, dass bei dem Zusammenstoss der Körper, welche sich nach verschiedenen Richtungen bewegen, stets dieselbe Bewegungsgrösse nach derselben Seite hin bestehen bleibt.

Und obgleich diese kreisförmigen, in ein und demselben Raume verschieden gerichteten Bewegungen sich nothwendig entgegenwirken und scheinbar hindern müssen, so bewirkt doch die vollkommene Elasticität und jedesmalige Beweglichkeit der Materie in Verbindung mit der Kleinheit ihrer Theilchen, welche die Grenze der Einbildung weit überschreitet, dass sie leicht genug alle diese verschiedenen Bewegungsantriebe zulässt. Wenn man Wasser in einer Glasschale kocht, so sieht man, wie seine Theile viele verschiedene Bewegungen haben können. Nun muss man sich den Flüssigkeitszustand der Aethermaterie unvergleichlich höher vorstellen als denjenigen, welchen wir beim Wasser bemerken. Während dies darum, weil es aus schweren aneinander gehäuften Partikeln zusammengesetzt ist, an Bewegung verliert, nimmt die Aethermaterie hingegen, welche sich frei nach allen Seiten bewegt, sehr leicht verschiedene Impulse durch die mannigfaltigen Zusammenstösse ihrer Theile oder durch den geringsten Antrieb der anderen Körper an; denn wenn dies nicht so wäre, würde die Luft nicht so leicht ausweichen, wie sie es bei der Bewegung unserer Hände thut. Man muss daher bedenken, dass die kreisförmigen Bewegungen einer solchen Flüssigkeit um die Erde sehr oft unterbrochen und in einander umgewandelt werden, dass sie dieselbe aber immer mehr beibehalten als diejenigen, welche andere Bahnen einschlagen. Dies genügt für den vorliegenden Zweck.

Es ist jetzt nicht schwierig auseinander zu setzen, wie durch diese Bewegung die Schwere hervorgebracht wird. Denn wenn in der flüssigen Materie, welche in dem von uns vorausgesetzten Raum rotirt, sich viel grössere Theilchen als die sie bildenden begegnen oder wenn Körper, welche aus einem Haufen kleiner zusammenhängender Theilchen gebildet sind, sich treffen und dieselben der rapiden Bewegung dieses feinen Stoffes nicht folgen, so werden sie nothwendigerweise nach dem Centrum der Bewegung gestossen und dort die Erdkugel bilden, wenn dort genug davon für diesen Zweck vorhanden wäre und man voraussetzt, dass die Erde noch nicht existirte. Der Grund ist derselbe wie derjenige, welcher in dem oben dargelegten Versuche bewirkt, dass der Siegellack sich im Mittelpunkt des Gefässes anhäuft. Hierauf beruht also wahrscheinlich die Schwere der Körper. Man kann behaupten, dass sie die Wirkung der flüssigen Materie ist, die sich um den Erdmittelpunkt nach allen Richtungen hin bewegt und sich von diesem Centrum zu entfernen und an seine Stelle diejenigen Körper zu drängen sucht, welche dieser Bewegung nicht folgen.

Nunmehr ist die Ursache ziemlich offenbar, warum schwere Körper, welche wir in der Luft fallen sehen, der kreisenden Bewegung der Flüssigkeitsmassen nicht folgen; denn da diese Bewegung nach allen Seiten hin statthat, so folgen die Impulse, welche ein Körper empfängt, so plötzlich aufeinander, dass weniger Zeit dazwischen vergeht, als er zur Erlangung einer merklichen Bewegung gebrauchen würde. Aber dieser Grund allein genügt nicht zur Verhinderung, dass die feinsten Körper, welche das Auge wahrnehmen kann, wie die in der Luft schwebenden Staubkörnchen, nicht hierhin und dorthin durch die Geschwindigkeit dieser Bewegung geschleudert werden. Man muss beachten, dass nicht allein diese kleinen Körper in der flüssigen, die Schwere bedingenden Materie schwimmen, sondern dass ausser ihr andere, aus grösseren Theilen zusammengesetzte Substanzen existiren, welche den grössten Theil des um uns befindlichen Raumes und selbst des Himmels anfüllen. Obgleich diese Partikelchen nach verschiedenen Richtungen getrieben werden und von einander zurückprallen, so folgen sie doch nicht der schnellen Bewegung der elastischen Massentheilchen; denn da sie an einanderstossen oder wenig von einander entfernt sind, so würde eine zu grosse Menge sich mit einem Male bewegen müssen. Da bekanntlich die Erde zunächst von den Lufttheilchen umgeben wird, welche man sofort als grösser ansehen wird als diejenigen der von uns angenommenen elastischen Materie, so sagte ich weiter, dass es eine Substanz giebt, deren Theilchen feiner sind als diejenigen der Luft, aber grösser als diejenigen jener elastischen Materie. Dies wird in der That auch durch unseren Versuch mit der Luftpumpe bewiesen. Hierin bemerkt man die Wirkung eines unsichtbaren Stoffes, welcher dort Gewicht hervorruft, wo keine Luft vorhanden ist; denn er hält das Wasser in einem Glascylinder, dessen offenes Ende in anderes Wasser getaucht wird, in der Schwebe und lässt dort das Wasser durch einen gekrümmten Heber ebenso fliessen wie in der Luft, unter der Voraussetzung natürlich, dass das Wasser bei diesen Versuchen von Luft gereinigt worden ist; — dies bewirkt man, indem man es während einiger Stunden in den luftleeren Raum bringt. Es tritt dadurch erstlich zu Tage, dass die Moleküle dieses schweren und unsichtbaren Körpers kleiner sind als diejenigen der Luft, da sie quer durch das Glas hindurchgehen, welches die Luft ausschliesst, und dass sie dabei ihr Gewicht erkennen lassen. Es wird ferner klar, dass sie grösser sein müssen als die Theilchen der elastischflüssigen Materie, welche die Schwere verursacht, damit der von ihr gebildete Körper der Bewegung dieser Substanz nicht folge, weil er, wenn er ihr folgte, nicht schwer sein würde. Es kann um uns noch andere Arten von Substanzen mit verschiedenen Graden der Dünnheit geben, jedoch alle grösser als die Materie, welche die Schwere verursacht. Diese würden also alle dazu beitragen, die kleinen Staubkörnchen zu verhindern, durch die reissende Bewegung dieser Substanz fortgeführt zu werden, weil sie selbst dieser Bewegung nicht folgen.

Man braucht übrigens weder diese verschiedenen Arten der kleinen Körperchen noch ihre ausserordentliche Kleinheit seltsam zu finden. Denn obgleich wir in gewissem Sinne zu dem Glauben neigen, dass kaum sichtbare Körper schon fast eben so klein sind, als sie es sein können, so sagt uns doch die Ueberlegung, dass ein Korn dasselbe Verhältniss, welches zwischen einem Berge und einem Sandkorn stattfindet, mit einem anderen kleinen Körper haben kann und dieser noch mit einem andern und so weiter so oft, als man will.

Die aussergewöhnliche Feinheit unserer elastischflüssigen Substanz ist nun unumgänglich nothwendig dazu, um Rechenschaft von einer bemerkenswerthen Wirkung der Schwere zu geben; wenn man nämlich solche schweren Körper nur von allen Seiten in ein Gefäss von Glas, Metall oder aus irgend einem andern beliebigen Stoffe einschliesst, so findet man sie immer gleich schwer. In Folge dessen muss der Stoff, welcher nach unserer Behauptung die Ursache der Schwere ist, sehr frei mitten durch alle Körper hindurchgehen, welche man für die festesten hält, und zwar mit derselben Leichtigkeit wie mitten durch die Luft.

Dies wird noch dadurch bestätigt, dass, wenn die Möglichkeit dieses freien Durchganges nicht stattfände, eine Glasflasche eben so viel als ein massiver Glaskörper von derselben Grösse wiegen würde. Ferner müssten alle festen Körper von gleichem Volumen gleich schwer wiegen, denn nach unserer Theorie wird das Gewicht jeden Körpers durch die Menge der elastisch - flüssigen Materie bestimmt, welche an seine Stelle treten muss.

Dieser Stoff durchdringt also leicht die Poren der Moleküle, aus denen die Körper zusammengesetzt sind, aber nicht die Moleküle selbst; dies gerade bedingt die verschiedenen Gewichte, wie z. B. der Steine, der Metalle etc. Diejenigen dieser Körper, welche gleich schwer sind, müssen solcher Moleküle nicht der Zahl, sondern dem Volumen nach in gleicher Grösse enthalten, denn an seine Stelle allein kann die elastischflüssige Materie treten.

Weil man jedoch bezweifeln könnte, ob die Moleküle, wenn sie für die genannte Materie undurchdringlich wären, es vollständig dagegen sind, so werde ich beweisen, dass sie vollkommene Festigkeit dagegen besitzen und dass das Gewicht der Körper demnach der Materie, aus welcher sie zusammengesetzt sind, genau proportional ist —, denn wenn sie nicht starr oder selbst wenn sie durchlässig sind, würden sie dieselbe Wirkung aus dem soeben von mir angeführten Grunde hervorbringen müssen.

Ich weise zu jenem Zwecke auf das hin, was bei dem Stosse zweier Körper geschieht, wenn sie sich bei horizontaler Bewegung treffen. Es ist sicher, dass der Widerstand, welchen die Körper der horizontalen Bewegung entgegensetzen, wie es eine auf einen höchst geglätteten Tisch gelegte Holz- oder Bleikugel thun würde, nur durch ihr Gewicht in Bezug auf die Erde bedingt wird; denn die Kugel strebt sich von der Erde in Folge der seitlichen Bewegung zu entfernen, so dass diese also der Wirkung der Schwere, welche sie zur Erde zieht, gerade entgegengesetzt ist.

Die Menge der zusammengehäuften Materie, welche jeder Körper enthält, bringt also allein diesen Widerstand hervor, so dass zwei Körper, welche beide gleichviel davon enthalten, in gleicher Weise zurückprallen oder alle beide stillstehen und ohne Bewegung bleiben würden, je nachdem sie hart oder weich sind. Der Versuch zeigt aber, dass allemal, wenn zwei Körper gleichmässig zurückprallen oder sich wechselseitig aufhalten, dieselben gleiches Gewicht besitzen, wenn sie sich mit gleichen Geschwindigkeiten begegnet sind. Daraus ergiebt sich, dass diejenigen, welche aus einer dem Volumen nach gleichen Stoffmenge zusammengesetzt sind, auch gleiches Gewicht haben, was zu beweisen war.

Herr Descartes war anderer Meinung über diesen Punkt, wie auch über den freien Durchgang der die Schwere verursachenden Materie durch diejenigen Körper, auf welche sie einwirkt. Denn in Betreff dieses letzten Punktes fordert er, dass diese Materie durch das Zusammentreffen mit der Erde gehindert werde, seine Bewegung in gerader Linie fortzusetzen, und dass sie daher sich davon soweit als möglich entfernt.

Hierbei scheint er nicht an diejenige Eigenschaft der Schwere gedacht zu haben, auf welche ich soeben hingewiesen habe. Denn wenn die Bewegung dieser Substanz durch die Erde behindert wird, so kann sie nicht mehr frei in die festen Metalle noch auch in das Glas eindringen. Daraus würde folgen, dass in einer Phiole eingeschlossenes Blei sein Gewicht bis auf dasjenige der Phiole selbst verlieren oder dass wenigstens dies Gewicht vermindert werden würde. Ferner würde ein schwerer Körper, den man auf den Boden eines Brunnens oder in irgend einen Steinbruch oder eine tiefe Grube legte, viel von seinem Gewichte verlieren müsse. Aber meines Wissens hat man durch den Versuch nicht gefunden, dass der Körper davon etwas verliere.

Was den anderen Punkt anbetrifft, so behauptet Herr Descartes, dass das Gold, obgleich eine Goldmasse vielmal schwerer als ein gleich grosses Volumen Wasser ist, nichts desto weniger nur vier- bis fünfmal soviel Materie als das Wasser enthalten kann; erstlich aus dem Grunde, weil man von beiden ein gleiches Gewicht abziehen muss (er hätte vielmehr sagen müssen „hinzufügen muss“), welches demjenigen der Luft, in der man sie fallen lässt, proportional ist; zweitens weil das Wasser und die übrigen Flüssigkeiten, da deren Theilchen in beständiger Bewegung sind, im Vergleich mit den festen Körpern eine gewisse Flüchtigkeit haben.

Man kann jedoch auf den ersten dieser beiden Gründe erwidern, dass das Gewicht der Luft um uns, das ja zu demjenigen des Wassers ungefähr in dem Verhältniss von 1 zu 800 steht, nicht ein so beträchtliches sein wird, dass man es dem mittelst der Wage gefundenen Gewichte des Wassers und Goldes hinzufügen muss. Nach dem anderen Grunde müsste jedoch, wenn er richtig wäre, eine und dieselbe Menge Wassers im gefrorenen Zustande bedeutend mehr als im flüssigen wiegen, und ebenso die festen Metalle mehr als die geschmolzenen, was indessen der Erfahrung widerspricht. Ausserdem sehe ich nicht ein, wie er zu der Ansicht gekommen ist, dass die Bewegung der Theile der flüssigen Körper ihre Centrifugalkraft bedingen solle, d. h. das Bestreben (die Kraft) sich vom Centrum zu trennen, denn für einen solchen Zweck müsste diese Bewegung eine kreisförmige um das Centrum der Erde oder viel mehr nach oben als zur Tiefe gerichtet sein. Dies hat er aber niemals behauptet, sondern sogar das Gegentheil, dass die Flüssigkeitstheilchen sich ohne Unterschied nach allen Richtungen hin bewegen.

Er scheint nicht in Rechnung gezogen zu haben, wieviel grösser die Geschwindigkeit der flüssigen Materie sein muss, damit ihr ebenso viel Gewicht zukommt, als man bei den meisten Körpern findet; sonst würde er mit Recht das Urtheil gefällt haben, dass die Geschwindigkeit, welche die Theilchen des Wassers oder ähnlicher Flüssigkeiten besitzen können, mit der Geschwindigkeit jener Materie, welche die Schwere verursacht, keineswegs vergleichbar ist.

Ich für meine Person habe mit Sorgfalt den Grad dieser Geschwindigkeit aufgesucht und glaube ungefähr bestimmen zu können, wie hoch sie sich belaufen muss. Da mehrere andere Naturerscheinungen davon abhängen, so dürfte es nicht ohne Nutzen sein, an dieser Stelle zu zeigen, worauf sich das, was meine Ueberlegungen gefördert hat, gründet. Ich komme auf die Figur zurück, deren ich mich bereits oben bedient habe. Es ist nämlich das Gewicht des Körpers E genau gleich der Kraft, mit welcher eine ebenso grosse Flüssigkeitsmenge sich von dem Centrum D zu entfernen strebt, oder es muss, was im Grunde dasselbe ist, beispielsweise ein Pfund Blei mit derselben Stärke zur Erde hinstreben, wie eine Flüssigkeitsmasse von dem Volumen dieses Bleistückes (ich meine das Volumen, welches die festen Theilchen einnehmen) von oben herab nach der Seite drückt, um sich vermöge seiner kreisenden Bewegung von dem Centrum zu entfernen. Die Blei- und Flüssigkeitssubstanz unterscheidet sich nach unserer Hypothese in nichts. Man kann also sagen, dass das Pfund Blei ebenso nach unten drückt, als es nach oben streben würde, wenn es in derselben Entfernung von dem Centrum der Erde bliebe und sich darum mit eben so grosser Geschwindigkeit drehte, als es flüssige Materie thut. Ich finde jedoch durch meine Theorie der gleichförmigen Bewegung, welche mit der Erfahrung vollkommen im Einklange steht, dass ein im Kreise sich drehender Körper in dem Fall, dass sein Bestreben, sich von dem Centrum zu entfernen, gerade der Wirkung der Schwere gleich sein soli, jeden Umlauf in eben so viel Zeit machen muss, als ein Pendel von der Länge des Erdhalbmessers für zwei Schwingungen (Gänge) gebraucht. Man muss also untersuchen, in wieviel Zeit ein Pendel von der Länge des Erdhalbmessers diese beiden

Schwingungen machen würde. Dies ist leicht zu berechnen mit Hilfe der bekannten Pendelgesetze und der Länge des Sekundenpendels, das zu Paris 3 Fuss $8^1/_2$ Linie misst. Ich finde so, dass für diese beiden Schwingungen 1 Stunde $24^1/_2$ Minuten erforderlich sein würden, wenn man gemäss der neuen Messung Herrn Picards den Durchmesser der Erde in demselben Maasse zu 19615800 Fuss annimmt. Die Geschwindigkeit der flüssigen Materie muss demnach in der Nähe der Erdoberfläche derjenigen eines Körpers gleich sein, welcher die Umdrehung der Erde in der besagten Zeit von 1 Stunde $24^1/_2$ Minute machen würde. Diese Geschwindigkeit ist ungefähr 17 mal grösser als diejenige eines Punktes auf dem Aequator, welcher dieselbe Umdrehung in Bezug auf die Fixsterne, wie man beobachten kann, in 23 Stunden 56 Minuten ausführt. Wie ersichtlich ist das Verhältniss zwischen dieser Zeit und einer Stunde $24^1/_2$ Minute sehr nahe gleich 17 zu 1.

Ich weiss, dass diese rapide Geschwindigkeit dem seltsam erscheinen wird, der sie mit den hier auf der Erde stattfindenden Bewegungen vergleichen will. Dies darf aber keine Schwierigkeiten bereiten, da sie im Verhältniss zu dem Umfang und der Grösse der Erde sogar nicht als aussergewöhnlich erscheint. Denn wenn man z. B. einen Erdglobus betrachtet, wie man solche zum Schulgebrauch herstellt, und sich auf diesem Globus eine Kugel denkt, welche in 14 Sekunden oder Pulsschlägen nur einen Grad durchläuft, d. h. mit der Geschwindigkeit der soeben erwähnten Materie sich bewegt, so wird man diese Bewegung sehr mässig finden, ja dieselbe kann sogar langsam erscheinen.

Uebrigens scheinen verschiedene Naturvorgänge eine äusserst schnell sich bewegende Materie, die durch die Poren der Körper leicht hindurchzudringen vermag, als Vorbedingung zu fordern. Solcher Art ist z. B. die Kraft des Schiesspulvers, das beim Entzünden seine rapide Bewegung nicht aus sich selbst noch aus derjenigen, welche die Lunte besitzt, entnimmt; folglich muss sie von irgend einem anderen Stoffe herrühren, welcher diese Bewegung hat und überall vorhanden ist; denn die Wirkung desselben tritt allemal ein, sobald die Vertheilung der Stoffe darin eine geeignete ist. Solcher Art ist auch nach meiner Ansicht ganz ebenso die (Federkraft) Elasticität des Stahles und anderer fester Körper wie auch diejenige der Luft. Hiermit kann man auch die Muskelkraft der Thiere vergleichen, die man ja mit Fug und Recht durch eine Gährung erklärt, welche durch die Nervenflüssigkeit in dem Blute bewirkt wird; woher soll jedoch die Kraft der Gährung herstammen, wenn nicht von irgend einer äusseren Bewegung? Die mächtige Wirkung des Frostes ferner erscheint nicht mehr verständlich, wenn man nicht seine Zuflucht nimmt zu einem heftigen Impuls irgend einer Materie, welche entweder das Eis durch Einführung anderer Theilchen ausdehnt oder darin die Blasen durch Vermehrung der darin enthaltenen Luft bildet. Dies geschieht mit so grosser Gewalt, dass ich dadurch Flintenläufe, in denen das Wasser eingeschlossen war, habe zersprengen gesehen.

Um nun auf die Schwere zurückzukommen, so dient die ausserordentliche Geschwindigkeit der sie verursachenden Materie ferner zur Erklärung dafür, dass die schweren Körper beim Fallen stets ihre Geschwindigkeit beschleunigen, selbst wenn sie schon einen sehr grossen Grad von Geschwindigkeit erreicht haben, denn diejenige der flüssigen Materie übertrifft noch bedeutend die Geschwindigkeit, welche beispielsweise eine senkrecht in die Höhe geschossene Kanonenkugel nach dem Zurückfallen aus der Luft erlangt. Diese Kugel erfährt nämlich bis zum Ende ihres Falles fast genau denselben Druck von jener Materie, und dadurch wird, indem sie fällt, ihre Geschwindigkeit beständig vermehrt. Statt dessen würde, wenn die Aethermaterie nur eine mässige Geschwindigkeit besässe, die Kugel, nachdem sie die gleiche Geschwindigkeit erreicht hätte, ihren Fall nicht mehr beschleunigen, weil sie sonst gezwungen sein würde, die Materie selbst zu stossen, um an ihre Stelle mit grösserer Geschwindigkeit zu treten, als sie selbst nach deren eigenen Geschwindigkeit erlangen könnte.

Hierdurch lässt sich schliesslich das von Galilei angenommene Prinzip begründen, mit dessen Hilfe er das Verhältniss der Beschleunigung der fallenden Körper zur Zeit nachwies; dieselbe wächst nach und nach in gleichen Zeiten ebenso wie die Geschwindigkeit. Denn die Theile der Materie, welche an die Stelle der Körper zu treten sucht und welche wenigstens in dem von uns untersuchten Falle, auf dieselben, wie wir gesehen haben, beständig mit derselben Kraft wirkt, ertheilen den Körpern continuirliche Stösse, so dass das Wachsen der Geschwindigkeiten demjenigen der Zeiten proportional sein muss.

Ich habe also durch eine Hypothese, welche nichts Unmögliches an sich hat, dargelegt, warum die irdischen Körper zum Mittelpunkte hinstreben, warum die Wirkung der Schwerkraft durch die Dazwischenschiebung irgend eines der uns bekannten Körper nicht gehindert werden kann, warum die inneren Theile eines jeden Körpers sämmtlich zur Schwere beitragen, warum endlich die Körper beim Fall beständig ihre Geschwindigkeit vergrössern und warum dies im Verhältniss zur Zeit geschieht. Dies sind die bis jetzt bemerkten Eigenschaften der Schwere.

Es bleibt noch eine Eigenschaft übrig, die man bisher für nicht weniger sicher gehalten hat, dass nämlich die schweren Körper dies ebenso in einer Gegend der Erde wie in einer anderen sind. Da man indessen durch kürzlich angestellte Beobachtungen dies anders gefunden hat, so lohnt es sich der Mühe zu erforschen, woher dies kommen kann und welches die Folgen davon sind.

Man versichert, in Cayenne, einem Lande in Amerika, das nur 4 bis 5 Grade vom Aequator entfernt ist, gefunden zu haben, dass dort ein Sekundenpendel um eine und eine viertel ($1\,{}^1/_4$) Linie kürzer als in Paris ist; hieraus folgt, dass, wenn man Pendel von gleicher Länge nimmt, dasjenige von Cayenne ein wenig langsamere Schwingungen als dasjenige von Paris ausführt. Die Wahrheit der Thatsache vorausgesetzt, kann man nicht zweifeln, dass dies ein sicheres Zeichen dafür sei, dass die schweren Körper in diesem Lande langsamer als in Frankreich fallen. Da nun diese Verschiedenheit nicht auf die Dünnheit der Luft geschoben werden kann, welche in der heissen Zone grösser ist und darum eine ganz entgegengesetzte Wirkung hervorbringen müsste, so sehe ich nicht ein, warum es dort anders sein soll, wenn man nicht voraussetzt, dass ein und derselbe Körper unter der Linie weniger als unter davon entfernten Zonen wiegt. Sobald man mir diese neue Erscheinung mittheilte, erkannte ich, dass die Ursache davon der täglichen Rotations-Bewegung der Erde beigemessen werden könne; denn da diese in jedem Lande, je mehr man sich der Mittagslinie nähert, grösser wird, so muss durch sie ein ihr proportionales Bestreben, die Körper von dem Centrum zurückzuschleudern, erzeugt und denselben dadurch ein gewisser Theil ihrer Schwere genommen werden. Aus den oben dargelegten Beziehungen lässt sich leicht bestimmen, der wievielste Theil dies bei den Körpern am Aequator sein muss. Wie man gesehen hat, habe ich gefunden, dass die Centrifugalkraft am Aequator, wenn die Erde sich 17 mal schneller drehen würde, als sie es thut, dem ganzen Gewichte eines Körpers gleich sein würde; die Rotation der Erde muss also entsprechend ihrer jetzigen Grösse einen Theil der Schwere aufheben, welcher sich zu dem ganzen Gewichte wie 1 zu dem Quadrate von 17 verhält, d. h. $^1/_{289}$; denn die Kräfte der Körper, sich von ihrem Drehungsmittelpunkt zu entfernen, verhalten sich nach meinem dritten Theorem über die Centrifugalkraft zu einander wie die Quadrate ihrer Geschwindigkeiten. Jeder Körper unter dem Aequator ist also um $^1/_{289}$ weniger schwer, als er es sein würde, wenn die Erde sich nicht um ihre Achse drehen würde; daraus folgt nach den Gesetzen der Mechanik, dass die Länge eines Pendels daselbst auch um $^1/_{289}$ vermindert werden muss, damit es seine Schwingungen in derselben Zeit wie auf der nicht rotirenden Erde ausführt.

Bei der Bestimmung der Verkürzung, welche ein von Paris unter die Mittagslinie gebrachtes Pendel erleiden muss, muss man bedenken, dass seine Länge in Paris schon kleiner ist, als wenn die Erde in Ruhe wäre; denn die tägliche Drehung bringt auch unter diesem Parallelkreise das Bestreben hervor, die Körper von dem Centrum der Erde zu entfernen. Diese Kraft ist jedoch nicht so gross als unter der Linie und zwar um so viel geringer, als der Rotationskreis kleiner ist, weil die Körper nicht direkt in die Höhe, sondern senkrecht zur Erdachse, wie man aus der nebenstehenden Figur ersehen kann, fortgeschleudert werden. Der Kreis P A Q E stellt darin die Erde dar, welche von einer durch seine beiden Pole P und Q gelegten Ebene durchschnitten ist; der Mittelpunkt ist C, der Mittagskreis E C A, der Parallelkreis von Paris D O N unter der Voraussetzung, dass Paris in D liegt. K H stellt die Richtung dar, welche eine Bleikugel H erhält; dieselbe weicht von der Senkrechten K D C ab, da sie durch die Rotationsbewegung nach der Linie O D M, welche nach meiner Voraussetzung durch das Gewicht H hindurchgeht, abgelenkt wird.

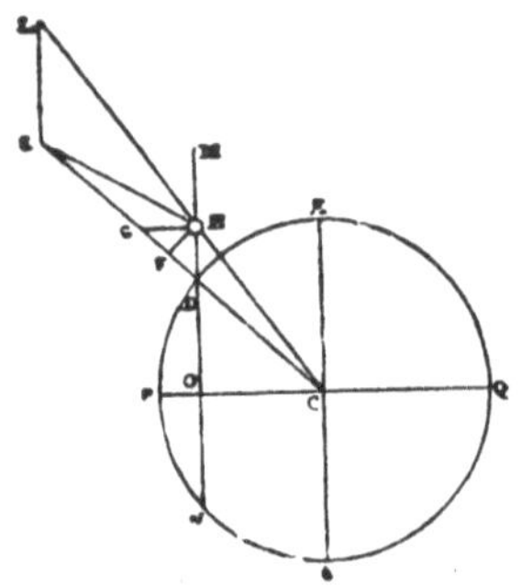

Um jetzt zu ermitteln, welche Lage der Faden K H hat und um wie viel die Bleikugel H in dieser Stellung weniger als bei senkrechter Aufhängung längs K D wiegt, muss man durch den Punkt H drei Fäden H C, H M, H K gezogen denken, unter denen H C ihn mit dem ganzen Gewicht, welches die Bleikugel besitzen würde, wenn die Erde nicht rotirte, zum Mittelpunkte der Erde hinzieht, während H M ihn mit der Kraft, welche die Drehung der Erde in dem Kreise D N ergiebt, nach der Seite und der dritte Faden H K mit der gesuchten Kraft zieht oder vielmehr gezogen wird. Verlängert man nun C H und zieht K L parallel zu D M, so sind bekanntlich die drei Seiten des Dreieckes H L K den Kräften proportional, welche auf den Punkt H wirken; die Seite L H entspricht nun derjenigen, welche mittelst H C zieht, die Seite K L derjenigen, welche durch H M zieht, und die Seite H K derjenigen, welche die Bleikugel durch den Faden K H zieht oder hält. Man kann jedoch annehmen, dass alle Seiten des Dreiecks K D H denjenigen des Dreiecks H L K gleich sind, weil C H L als parallel zu C D K anzusehen ist. Die Seiten von K D H sind also den entsprechenden Kräften proportional: nämlich die Seite K D dem absoluten Gewichte der Kugel H, welches dieselbe haben würde, wenn die Erde nicht rotirte, D H der Kraft, welche sich aus der täglichen Drehung ergiebt, und K H dem gesuchten Gewichte. Nun ist das Dreieck K H D gegeben, denn da wir die Centrifugalkraft in E = $^1/_{289}$ des absoluten Gewichtes kennen und da diese Kraft sich zu derjenigen in D oder in H, deren Verhältniss gegeben ist, wie E C zu D O verhält, so kennen wir demnach den Bruchtheil des absoluten Gewichtes, den die Centrifugalkraft in D oder H besitzt, d. h. das Verhältniss von D K zu D H ist bekannt, da es sich aus demjenigen von 289 zu 1 und von E C zu D O zusammensetzt. Aber auch der Winkel H D K ist bekannt, da er gleich demjenigen der Breite von Paris ist, nämlich **48⁰ 51′**. Man kennt also das Verhältniss von D K zu K H, da es dasjenige der absoluten Körperschwere zu der Schwere in Paris ist, und damit das Verhältniss der Pendellänge auf der unbeweglichen Erde zu der Länge, welche es unter dem betreffenden Parallelkreise nach den obigen Auseinandersetzungen besitzen muss. Und da die Länge des Secundenpendels zu Paris gegeben ist, so kennt man auch diejenige, welche das Sekundenpendel auf der nicht rotirenden Erde haben würde, ferner ihre Differenz und um wieviel diese Differenz kleiner ist als $^1/_{289}$, d. h. als die für den Aequator gefundene Differenz.

Damit man diese Berechnung mit Leichtigkeit und ohne die Berechnung der Dreiecke machen kann, muss man wissen, dass, wie wir sogleich beweisen werden, sich das Quadrat des Radius E C zu dem Quadrate von D O ebenso verhält wie der Sinus des Complementes der Breite von Paris zu $^1/_{289}$, d. h. wie die Differenz oder Verkürzung zu

Paris zu der Differenz oder Verkürzung des Aequatorpendels. Auf diese Weise findet man jene gleich $^1/_{668}$ von der Länge des Pendels auf der nicht rotirenden Erde oder des Pendels am Pole. Da nun das Sekundenpendel zu Paris 3 Fuss $8^1/_2$ Linie lang ist, so ergiebt sich, dass die Länge des Pendels auf der nicht rotirenden Erde oder am Pole 3 Fuss $9^1/_6$ Linie sein wird; hieraus erhält man durch Wegnahme von $^1/_{289}$, was $1^1/_2$ Linie ausmacht, die Länge des Secundenpendels am Aequator gleich 3 Fuss $7^2/_3$ Linien. Daher ist dieses Pendel um $^5/_6$ einer Linie kürzer als dasjenige von Paris; dies ist etwas weniger als Herr Richer in Cayenne gefunden hat, nämlich um $1^1/_4$ Linie.

Man kann jedoch nicht vollständig auf diese ersten Beobachtungen bauen, da man bei denselben nicht irgend einen Nebenumstand angegeben findet; noch weniger indessen nach meiner Ansicht auf diejenigen, welche in Gouadeloupe angestellt sein sollen, wo die Verkürzung des Pariser Pendels gleich 2 Linien gefunden sein soll. Mit der Zeit wird man jedoch, wie man hoffen darf, über die verschiedenen Pendellängen sowohl unter der Linie als auch an anderen Orten orientirt sein; und gewiss verdient diese Angelegenheit so recht mit Sorgfalt untersucht zu werden, selbst wenn sie auch nur dazu dienen würde, die Pendeluhren nach dieser Theorie zu verbessern und sie zur Messung der geographischen Längen auf dem Meere zu benutzen. Denn eine Uhr, welche beispielsweise in Paris gut regulirt ist, wird, wenn sie an irgend einen Ort unter dem Aequator gebracht wird, ungefähr um eine Minute und 5 Secunden in 24 Stunden nachbleiben, wie leicht nach der vorhergehenden Auseinandersetzung zu berechnen ist; ebenso ist es verhältnissmässig für jeden verschiedenen Breitengrad. Ueberall, wo man sie auch nur finden mag, befolgen diese Verspätungen ziemlich genau dasselbe Verhältniss wie die Verkürzungen der Pendellängen. Die grösste Verspätung würde diejenige einer Uhr am Aequator sein, wenn diese am Pole regulirt worden wäre, und würde für den Tag sehr nahe $2^1/_2$ Minute betragen. Wenn man hiernach Tafeln berechnet hat, so wird man mit ihrer Hilfe den Gang der Uhren reguliren und sich ihrer mit derselben Sicherheit bedienen können, als wenn die Rotation überall gleich wäre.

Zum Beweise der kurz vorher — als ich die Verkürzung des Pariser Pendels suchte – gemachten Voraussetzung, dass nämlich an jedem beliebigen anderen Orte die Sache dieselbe sei, sobald man die Grösse dieser Verkürzung am Aequator kennt, möge in derselben Figur K F gleich K H und H G der Achse P Q parallel sein. Es wurde bewiesen, dass H D sich zu D K verhält wie die Kraft, sich vom Centrum nach D oder H zu entfernen, zu dem absoluten Gewichte bei nicht rotirender Erde. Aber wie sich E C oder C D zu D O — d. h. wie sich G D zu H D — verhält, so verhält sich auch die Centrifugalkraft in E unter dem Aequator zu derjenigen in D. Wie also G D zu D K ebenso wird sich auch die Centrifugalkraft in E zum absoluten Gewichte auf der unbeweglichen Erde verhalten. Die Linie G D stellt dann die Pendelverkürzung, welche am Aequator gefunden ist, dar, wie aus dem eben Gesagten erhellt. Nun ist F D die Verkürzung zu Paris; G D verhält sich ferner zu D F wie das Quadrat über G D zu dem Quadrate über D H, da infolge der Kleinheit des Winkels D K H die Gerade H F als senkrecht zu G D angesehen werden kann. Es verhält sich also die Verkürzung am Aequator zu derjenigen in Paris wie das Quadrat von G D zu dem Quadrate über D H, d. h. wie das Quadrat von C D oder E C zu dem Quadrate von D O, was zu beweisen war.

Es bleibt noch übrig, den Winkel H K D in derselben Figur zu betrachten; derselbe giebt an, um wie viel die Bleikugel K H, wenn sie in Ruhe ist, von der Senkrechten K D abweicht. Wie ich gefunden habe, beträgt dieser Winkel unter dem Parallelkreise von Paris 5 Minuten 54 Sekunden, während er auf dem 45. Breitengrade noch ein wenig grösser sein muss.

Diese Abweichung, welche eine zweifellose Thatsache ist, widerspricht sehr der jederzeit angenommenen Voraussetzung, dass nämlich die Sehne, welche eine Bleikugel in der Schwebe hält, gerade nach dem Mittelpunkt der Erde hin gerichtet ist. Dieser Winkel von einem zehntel Grad ist, wie man glauben darf, gross genug, so dass man ihn, sei es in den astronomischen Beobachtungen oder sei es in denjenigen, welche man mit der Wasserwage anstellt, bemerken muss. Denn würde nicht, um nur von dem letzteren zu sprechen, die Niveaulinie, wenn man von Norden längs derselben hinblickt, merklich unter den Horizont sinken müssen? Dies ist gleichwohl niemals bemerkt worden, obwohl es sicherlich eintritt. Der Grund hierfür ist ein anderes Paradoxon, nämlich der Umstand, dass die Erde nicht vollständig kugelförmig ist, sondern eine an den beiden Polen abgeplattete Kugelgestalt besitzt, so dass sie fast ein Ellipsoid bildet, welches sich um die kleine Achse dreht. Es rührt dies von der täglichen Drehung der Erde her und ist eine nothwendige Folge der besprochenen Ablenkung der Bleikugel.

Da die schweren Körper parallel zu der Aufhängungslinie fallen, so muss sich die Oberfläche der ganzen Flüssigkeit so vertheilen, dass diese Linie auf ihr senkrecht steht, weil dieselbe sich sonst würde weiter neigen können. Folglich ist die Oberfläche des Meeres so beschaffen, dass der Aufhängungsfaden an jedem Orte auf ihr senkrecht ist. Daraus folgt, dass die Niveaulinie, d. h. diejenige Grade, welche den Faden der aufgehangenen Bleikugel unter rechtem Winkel schneidet, den Horizont anzeigen muss, wie sie es ja auch thut; hat man nur die Höhe des Ortes, an dem die Wasserwage aufgestellt ist, so mag man immerhin ein wenig höher visiren lassen. Nun sind die Küsten der Länder im Allgemeinen erhaben und zwar fast überall in gleicher Weise in Bezug auf das Meer; es folgt daraus, dass jedes Gemisch von Land- und Meermassen in dieselbe kugelförmige Gestalt verwandelt wird, welche die Oberfläche des Meeres nothgedrungen annimmt. Es ist glaublich, dass die Erde, als sie durch die Schwerkraft vereinigt wurde, diese Gestalt angenommen hat, da seitdem ihre Materie die Rotationsbewegung von 24 Stunden besitzt.

ANHANG.

Einige Zeit nachdem ich mit dem Niederschreiben des Vorstehenden fertig war, habe ich das Reisejournal, welches auf Befehl der Herren Direktoren der Ostindischen Gesellschaft mit unseren Pendeluhren bis zum Kap der guten Hoffnung angefertigt worden ist, empfangen und geprüft; seitdem habe ich ferner noch Herrn Newton's höchst belehrendes Werk dessen Titel heisst „Philosophiae Naturalis principia Mathematica (Mathematische Grundsätze der Naturphilosophie), gelesen. Beide Werke verschaffen mir Stoff für die weitere Fortsetzung der vorliegenden Abhandlung. Was nun erstens die auch von ihm besprochene wechselnde Pendellänge in den verschiedenen Breiten betrifft, so glaube ich, durch jene Uhren nicht nur eine einleuchtende Bestätigung für die behauptete Wirkung der Erdrotation, sondern auch für die Längen ein Maass, das mit der von mir soeben angestellten Berechnung sehr gut übereinstimmt, erhalten zu haben. Denn als ich die Längen, welche man mittelst der Uhren auf der Rückreise von dem Kap der guten Hoffnung bis nach Texel in Holland gemessen hatte, nach jenem Kalkül verbessert und berichtigt hatte, da dies auf der Reise nicht geschehen war, so fand ich, dass dadurch der Weg des Schiffes auf der Karte viel besser verzeichnet wird, als es ohne diese Correction der Fall wäre, ja dass sogar bei der Ankunft in dem genannten Hafen kaum ein Irrthum von 5 bis 6 Meilen in der so berichtigten Länge sich ergiebt. Wenn man annimmt, dass diejenige des erwähnten Kaps von den Jesuitenpatern richtig beobachtet worden war, als sie es im Jahre 1685 auf ihrer Reise nach Siam passirten, und dass sie um 18 Grad weiter gen Osten als diejenige von Paris liegt, so bin ich der Ansicht, nicht noch weiter von der Wahrheit abzuirren. Die Einzelheiten dieser Untersuchung sind den besagten Herren Directoren in dem Berichte, welchen ich über die Reise der Pendel angefertigt habe, ausführlich auseinandergesetzt worden. Nachdem sie diesen Bericht durch sachverständige Männer hatten prüfen lassen, haben sie beschlossen zu befehlen, dass ein zweiter Nachweis geführt würde, um sich durch mehrere Versuche über die Brauchbarkeit der Erfindung zu vergewissern. Man wird sehen, welches der Erfolg dieser zweiten Reise und zwar besonders in dem Punkte sein wird, der auf die Pendel-Variation sich bezieht. Zur genauen Bestimmung derselben bieten nämlich die Uhren durch ihr Vor- oder Nachgehen ohne Zweifel ein sichereres Mittel dar, als die gegenwärtige Methode, die Länge des Sekundenpendels in verschiedenen Ländern zu messen. Da jedoch die Beobachtungen in der soeben besprochenen Abhandlung mit dem Resultate, das ich durch Rechnung gefunden habe, gut übereinstimmen, so glaube ich mit ziemlichem Vertrauen diese Speculationen fortsetzen zu sollen; und zuerst werde ich untersuchen, wie beschaffen denn die Gestalt der Erde ist, da sie, wie ich bemerkte, keine Kugel ist.

Zu diesem Zwecke ist nun anzunehmen, dass dieselbe vollständig mit Wasser bedeckt oder ihre ganze Masse nichts anderes sei. Wie aus den obigen Auseinandersetzungen hervorgeht, muss dann die Oberfläche so beschaffen sein, dass sie von dem Faden, an welchem die Bleikugel hängt, an jeder Stelle nothwendig unter rechtem Winkel getroffen wird, wenn man nur die gesammte Schwere und nicht die Centrifugalkraft berücksichtigt, welche denselben ja aus seiner Richtung nach dem Mittelpunkte ablenkt. Denn wenn der Faden die Oberfläche nicht rechtwinklig schnitte, würde er nicht in der Lage, in welcher er sich befindet, bleiben können.

Setzt man nun dieselben Umstände wie in der letzten Figur der voraufgegangenen Behandlung und Alles das voraus, was daselbst dargelegt ist; lässt man ferner die Gestalt nach den Polen zu ein wenig abnehmen und sich abplatten, so dass die Achse PQ kürzer als der Durchmesser E A ist; sei sodann B D S R parallel zu K H gezogen und schneide E A, P Q in S und R: dann muss der Faden K H, an welchem die Bleikugel hängt, oder vielmehr die ihm parallele B D die Meeresoberfläche rechtwinklig treffen; und dann hängt dieser Faden so, dass K D zu D H oder D C zu C S sich verhält wie das absolute Gewicht zur Centrifugalkraft in D. Diese Proportion setzt sich zusammen aus dem Verhältniss des absoluten Gewichtes zur Centrifugalkraft in E, welches sich wie 289 zu 1 verhält, und aus demjenigen dieser Kraft zur Centrifugalkraft in D, welche sich wie E C zu D O verhält. Offenbar wird die Natur der gekrümmten Linie E D P durch die Eigenschaften ihrer Normalen, wie D R, bestimmt, d. h. es muss, wenn man auf dieselbe eine solche Senkrechte fällt, das Verhältniss von D C zu C S sich immer aus einem gegebenen Verhältniss und demjenigen von E C zu D O zusammensetzen oder es muss vielmehr, wie man leicht schliessen kann, die Beziehung von D O zu C S oder von O R zu R S aus dem gegebenen Verhältniss und demjenigen von E C zu C D gebildet werden.

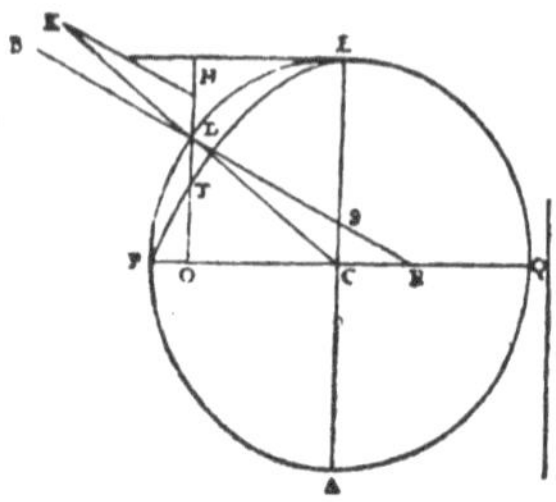

Nun ist es schwer, so gekrümmte Linien aus der gegebenen Eigenschaft ihrer Normalen oder, was dasselbe ist, aus der Eigenschaft ihrer Tangenten zu finden. Für die vorliegende Curve giebt es jedoch ein ziemlich leichtes, von Newton zuerst angegebenes Hilfsmittel, das auf dem Gleichgewicht gewisser Kanäle beruht. Der Kanal, welcher in unserer Figur durch E C P dargestellt sein mag, bildet im Mittelpunkte der Erde einen rechten Winkel. Sieht man ihn als ein wenig hohl und mit Wasser gefüllt an, so müssen sich die beiden Zweige E C, C P im Gleichgewicht halten, wenn man voraussetzt, dass die Erde ganz aus Wasser besteht und eine Gestalt besitzt, deren Durchmesser E A und P Q sein mögen, denn anderen Falles würde wider die Voraussetzung das Kanalwasser nicht mehr in seiner Lage bleiben, und hieraus ist dann das Verhältniss von E A zu P Q leicht zu finden. Denn setzt man E C = a, C P = b und stellt das absolute Gewicht durch eine Linie p und die Centrifugalkraft in E durch die Linie n dar, so ist das Gewicht des Kanals P C gleich p b, wie sich ergiebt, wenn man alle Theile dieses Kanals ohne Unterschied mit der Linie p multiplicirt. Nun wird aber das Gewicht des Kanals E C, welches p a sein würde, durch die Centrifugalkraft aller seiner Theile vermindert, deren höchster sich in E befindet und die Kraft n hat, während alle übrigen Theile zu dieser im Verhältniss ihrer Entfernung zum Mittelpunkte stehen. Dies ergiebt für die gesammte Centrifugalkraft des Kanals E C $^1/_2$ n a und durch Subtraction dieses Werthes von seinem Gewichte p a als Rest p a — $^1/_2$ n a, der gleich dem Gewichte p b des Kanals P C sein muss. Hieraus folgt, dass sich a zu b wie p zu p — $^1/_2$ n verhält, d. h. der Durchmesser der Erde E A verhält sich zu seiner Achse P Q wie 289 zu 288$^1/_2$ oder wie 578 zu 577, denn das Verhältniss von p zu n ist gleich 289 zu 1.

Um hierdurch die krumme Linie E D P zu bestimmen, denke ich mir den Kanal E C D voll Wasser und, indem ich O D senkrecht zu der Achse P C ziehe, setze ich C O = x und D O = y, während die übrigen Linien wie vorher benannt werden. Ohne Zweifel müssen sich das Wasser in E C und dasjenige in D C abermals das Gleichgewicht halten. Ebenso muss dies der Fall sein, auf welche Weise man auch den Kanal sich gestaltet denkt, vorausgesetzt nur, dass er auf jeder von beiden Seiten bis zur Oberfläche reicht, wie z. B. wenn er durch D O C E oder D O P oder D C P gehen würde. Jetzt ist die Centrifugalkraft des ganzen Wassers in C D oder unter Voraussetzung gleicher Breite gleich derjenigen des Wassers, das den Kanal O D anfüllt; dies erkennt man leicht aus dem mechanischen Gesetze der schiefen Ebene. Es verhält sich aber E C = a zu D O = y ebenso wie die Centrifugalkraft in E, welche n war, zu der Centrifugalkraft in D; dies giebt also $\frac{n\,y}{a}$. Die Hälfte davon, multiplicirt mit dem Inhalt des Kanals D O = y, die Centrifugalkraft dieses Kanals $= {}^1/_2 \frac{n\,y\,y}{a}$, was auch die Centrifugalkraft des Kanals C D ist. Das Gewicht dieses Kanals C D nach dem Centrum hin ist jedoch $p\sqrt{x\,x + y\,y}$; sein Druck, der nach C hin übrig bleibt, wird also $p\sqrt{x\,x + y\,y} - \frac{{}^1/_2\,n\,y\,y}{a}$

sein und dieser mus gleich $pa - \frac{1}{2}an$, dem oben gefundenen Druck des Kanals E C, sein.

Setzt man nun $\frac{ap}{n} = f$, so geht diese Gleichung in die folgende über: $y^4 = 4f^2y^2 - 4a^2f^2 + 4f^2x^2 - 4afy^2 + 4a^3f + 2a^2y^2 - a^4$.

Dieselbe lässt erkennen, dass die gekrümmte Linie E D P kein Kugelschnitt ist; dies wäre nur dann der Fall, wenn p und n einander gleich sind, d. h. wenn die Centrifugalkraft eines in E befindlichen Körpers gleich seinem Gewichte nach dem Centrum C hin angenommen wird. Dann ist nämlich offenbar f gleich a, und die Gleichung wird $y^4 = 2a^2y^2 - a^4 + 4f^2x^2$ oder besser $y^4 - 2a^2y^2 + a^4 = 4f^2x^2$ und endlich $y^2 - a^2 = 2ax$. Die letzte Gleichung zeigt an, dass in diesem Falle E D P eine solche Parabel ist, wie in der nebenstehenden Figur; dieselbe hat zum Scheitel P, die Achse P C gleich der Hälfte von C E und den Parameter gleich derselben Strecke C E.

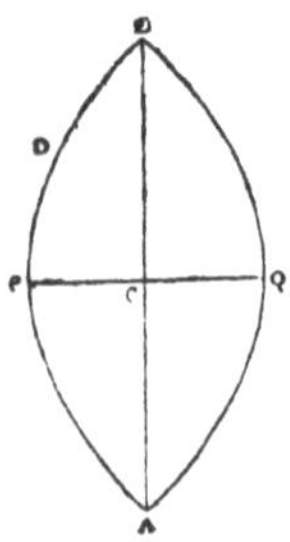

Daher würde die Erde, wenn sie einen Durchmesser A E von der wirklichen Grösse besässe und sich um ihre Achse P Q 17mal schneller drehen würde, als sie es jetzt thut, die Gestalt des Körpers annehmen, welchen die beiden entgegengesetzten Halbparabeln P E C, Q E C bei ihrer Rotation um die Achse P Q bilden; denn dann würde die Centrifugalkraft in E gleich der nach dem Mittelpunkt gerichteten Schwerkraft nach dem in der vorliegenden Abhandlung enthaltenen Beweise sein. Wie man einsieht, ist dies die grösste Centrifugalkraft, die man annehmen darf; denn wenn man sie grösser als die Schwere machte, würden die in E aufgestellten Körper in die Luft fliegen.

Abgesehen von diesem Falle, würde man, wenn man in der gefundenen Gleichung $y^2 = az$ machte, wo z eine unbestimmte Kurve bedeutet, erhalten

$$Z = a - 2f^2 + \frac{2f^2}{a} - \sqrt{4f^2 - 8f^3 + \frac{4f^4}{a^2} + \frac{4f^2x^2}{a^2}}.$$

Setzt man nun d für $\frac{f^2}{a} - f$ ein, so wird $z = a + 2d - \sqrt{4d^2 + \frac{yf^2x^2}{a^2}}$. Hieraus erkenne ich, dass, wenn C O gleich x ist und die Senkrechte O T z genannt wird, der Punkt T auf einer Hyperbel liegt, deren um C E vermehrte Achse 4 d ist. Und da sich 4 f^2 zu a^2 ebenso verhält wie die Achse zum Parameter, so giebt dies $\frac{a^2 d}{f^2}$, d. h. — $a \frac{n a}{p}$, indem man die Werthe von p und f wiederum einsetzt. Da nun y^2 gleich a z war, so folgt, dass D O = y die mittlere Propontionale zwischen O T und E C ist. Daraus kann man die Punkte finden, durch welche die krumme Linie E D P hindurchgehen muss.

Diese Linie genügt nun auch der oben angegebenen Forderung, denn wenn man die auf ihr senkrecht stehende Linie D R zieht, so wird das Verhältniss von O R zu O C aus dem Verhältniss von p zu n und von E C zu C D zusammengesetzt sein, wie sich durch die algebraische Rechnung beweisen lässt.

In der ganzen vorstehenden Auseinandersetzung habe ich vorausgesetzt, dass die Schwere im Innern der Erde dieselbe wie an ihrer Oberfläche ist; dies scheint mir sehr wahrscheinlich, obgleich man nicht ohne Grund daran zweifeln kann, worüber ich nachher sprechen werde. Wenn es sich indessen anders verhalten sollte, so würde dies fast garnichts an dem ändern, was über die Gestalt der Erde aufgefunden ist; diese würde aber sehr wohl dann, wenn die Centrifugalkraft einen beträchtlichen Theil der Schwere bildet oder ihr gleich ist, wie in dem Falle der parabolischen Gestalt, eine ganz andere werden. Wenn übrigens die Centrifugalkraft in E sehr klein im Verhältniss zur Schwere ist, wie dies auf der Erde der Fall ist, so nähert sich die Hyperbel E T P wegen der grossen Entfernung ihres Mittelpunktes der Parabel ausserordentlich, so dass demnach E D P weder von der Ellipse noch auch vom Kreise verschieden sein wird, da E C dann C P nur sehr wenig übertrifft; wie kurz vorher gefunden wurde, beträgt ja dieser Ueberschuss nur $^1/_{578}$ von E C, dem Halbmesser der Erde.

Herr Newton findet denselben gleich $\frac{1}{231}$ von E C, so dass danach die Erde sich sehr wenig von der Kugel unterscheidet; er bedient sich hierbei einer ganz anderen Annahme, welche ich hier nicht prüfen will, weil ich durchaus nicht mit dem von ihm in dieser Rechnung und anderswo angenommenen Prinzipe übereinstimme. Nach demselben ziehen sich alle kleinen Theilchen, welche man in zwei oder mehreren verschiedenen Körpern sich vorstellen kann, an oder streben sich gegenseitig zu nähern.

Ich werde dies darum nicht zugeben, weil ich deutlich einsehe, dass die Ursache einer solchen Anziehung weder durch ein mechanisches Prinzip noch durch Bewegungsgesetze erklärt werden kann. Ich bin beinahe nicht weniger von der Nothwendigkeit der wechelseitigen Anziehung der gesammten Körper überzeugt, da ich ja gezeigt habe, dass die Körper, wenn dies bei der Erde nicht so wäre, in Folge ihres sogenannten Gewichtes ein Streben zum Mittelpunkte nicht zulassen würden.

Ich habe also nichts gegen Herrn Newton's sogenannte Vis Centripeta, durch welche er die Planeten zur Sonne und den Mond zur Erde fallen lässt, sondern stimme derselben unbedingt bei; denn ich weiss, dass nicht nur erfahrungsmässig eine solche Art von Anziehung oder Antrieb in der Natur existirt, sondern dass sie auch aus den Bewegungsgesetzen sich erklärt, wie man in der obigen Darlegung über die Schwere gesehen hat. Es hindert nämlich nichts, dass die Ursache dieser Vis Centripeta zur Sonne derjenigen ähnlich ist, welche die schwer genannten Körper zur Erde zu fallen zwingt. Schon lange hegte ich die Vorstellung, dass die kugelförmige Gestalt der Sonne von eben derselben Ursache herrühren könne, welche nach meiner Ansicht die Kugelgestalt der Erde hervorbringt; aber ich hatte die Wirkung der Schwere nicht auf so grosse Entfernungen wie von der Sonne zu den Planeten, von der Erde zum Mond ausgedehnt, da Herrn Descartes' Wirbel, welche mir ehemals sehr wahrscheinlich erschienen waren und welche ich noch im Gedanken hatte, dies verhinderten. Ich hatte nicht minder an die gesetzmässige Abnahme der Schwere gedacht, nämlich daran, dass sie im umgekehrten Verhältnisse der Quadrate der Entfernungen vom Mittelpunkte stände. Dies ist eine neue und sehr bemerkenswerthe Eigenschaft der Schwere, und den Grund dafür aufzusuchen lohnt sich der Mühe. Indessen ersehe ich jetzt aus den Beweisen Herrn Newton's, dass unter der Voraussetzung einer solchen zur Sonne gerichteten Schwere, die nach dem angegebenen Verhältniss abnimmt, diese den Centrifugalkräften der Planeten sehr wohl das Gleichgewicht hält und gerade die wirklich vorhandene elliptische Bewegung, welche Kepler vermuthet und durch die Beobachtung bewahrheitet hatte, bedingt; ich kann daher auch nicht daran zweifeln, dass die betreffende Hypothese über die Schwere richtig und dass das Newton'sche System, so weit es sich darauf gründet, es ebenfalls ist. Dies muss um so wahrscheinlicher erscheinen, als man darin mehrere

Schwierigkeiten, welche in der Wirbeltheorie des Descartes Mühe bereiteten, gelöst findet. Man sieht jetzt ein, warum die Excentricitäten der Planeten beständig dieselben bleiben können, warum die Ebenen ihrer Kreisbahnen nicht zusammenfallen, sondern ihre verschiedene Neigung in Bezug auf die Ebene der Ekliptik behalten und warum die Ebenen aller dieser Kreisbahnen durch die Sonne gehen müssen; warum ferner die Geschwindigkeiten der Planeten sich in der beobachteten Weise beschleunigen und verlangsamen können, und dass sie schwerlich so beschaffen sein können, als wenn sie in einem Wirbel um die Sonne herumschwängen. Man erkennt schliesslich, wie die Kometen unser System durchkreuzen können. Denn seitdem man wahrnahm, dass sie oft in die Region der Planeten eintreten, begriff man kaum, wie sie manchmal aus einer entgegengesetzten Bewegungsrichtung in diejenige eines Wirbels, der Kraft genug zum Fortführen der Planeten hatte, übergehen konnten. Durch die Newton'sche Lehre ist aber auch dies Bedenken gehoben; denn nichts widerspricht dem, dass die Kometen ebenso wie die Planeten elliptische Bahnen um die Sonne, aber nur weitere, von der kreisförmigen Gestalt mehr abweichende Bahnen, durchlaufen, dass daher eben diese Körper periodisch wieder zurückkehren, wie einige alte und neue Astronomen sich gedacht haben.

Hierbei besteht die einzige Schwierigkeit darin, dass Herr Newton, der die Wirbel Descartes' verwirft, will, dass die kosmischen Räume nur sehr wenig Materie enthalten, damit die Planeten und Kometen auf ihrer Bahn um so weniger Widerstand fänden. Wenn man diese Stofflosigkeit voraussetzt, so scheint es weder möglich die Wirkungen der Schwere noch diejenigen des Lichtes zu erklären, — wenigstens nicht auf den Wegen, die ich eingeschlagen habe. Um nun diesen Punkt zu prüfen, behaupte ich, dass die Aethermaterie auf zwei Arten für dünn gehalten werden kann, dass nämlich entweder ihre Atome von einander entfernt sind und sich zwischen je zweien grosse stofflose Zwischenräume befinden, oder dass sie sich zwar berühren, aber das Gewebe eines jeden höchst fein und mit kleinen leeren Räumen mitten durchmischt ist. Was den stofflosen Zwischenraum angeht, so gebe ich denselben ohne Bedenken zu und halte ihn sogar im Hinblick auf die Bewegung der kleinen Körperchen untereinander für nothwendig und bin nicht der Ansicht Herrn Descartes', dass die Raumerfüllung allein das Wesen der Körper ausmacht; ich füge jedoch noch die vollkommene Härte hinzu, welche sie undurchdringlich und unfähig macht, zerbrochen oder zerstossen zu werden. Wenn ich indessen die feine Vertheilung der ersten Art betrachte, so sehe ich nicht ein, 'wie man dann von der Schwere Rechenschaft ablegen kann; was ferner das Licht anbetrifft, so halte ich es für ganz unmöglich, mit solchen substanzlosen Zwischenräumen seine wunderbare Geschwindigkeit zu erklären, welche nach dem Beweise des Herrn Römer 600 tausendmal so gross als diejenige des Schalles sein muss, wie ich in der Abhandlung über das Licht berechnet habe. Darum bin ich der Meinung, dass eine solche Art feiner Stoffvertheilung in den kosmischen Räumen nicht angenommen werden kann.

Wenn man mir — wird er vielleicht sagen — zugeben würde, dass der Aether behufs Fortpflanzung des Lichtes aus Theilchen besteht, welche sich berühren, so würde man dennoch nicht einsehen, dass es den Thatsachen entsprechend das Gesetz befolge, sich nur in gerader Linie auszubreiten, denn dies stehe im Widerspruch mit seinem 42. Satze des 2. Buches, da danach die Bewegung, welche sich in einer Flüssigkeit ausbreitet, von ihrem Ausgangspunkt aus nicht blos völlig geradlinig sich fortpflanzt, sondern, nachdem sie durch eine Oeffnung hindurchgegangen ist, auch seitwärts abgelenkt wird. Hierauf entgegne ich jedoch im Voraus, dass meine Ausführungen zum Beweise dafür, dass das Licht ausser bei der Reflexion oder bei der Refraction sich nur geradlinig ausbreitet, abgesehen von dem erwähnten Satze, nicht stichhaltig sind. Ich leugne nämlich nicht, dass die Sonne, wenn sie durch ein Fenster hindurchscheint, Strahlen zur Seite des erleuchteten Raumes sendet, aber ich behaupte, dass die abgelenkten Wellen zu schwach sind, um Licht hervorzubringen. Obgleich nun nach seiner Ansicht die Ausbreitung des Schalles beweisen soll, dass diese seitliche Beugung merklich ist, so halte ich mich gleichwohl versichert, dass sie vielmehr das Gegentheil beweist, denn der Schall würde, wenn er, wie Herr Newton meint, nach dem Durchgange durch eine Oeffnung sich auch seitlich ausbreitete, nicht so genau das Gesetz von der Gleichheit des Einfalls- und Reflexionswinkels befolgen. Wenn man sich daher an einen Ort stellt, von dem aus er nicht senkrecht auf die reflectirende Wand einer wenig entfernten Mauer treffen kann, so hört man, wie ich es sehr oft versucht habe, kein Echo dem hier erregten Geräusche antworten. Ich zweifle auch nicht, dass der angeführte Versuch, nach welchem man den Schall trotz eines dazwischen liegenden Hauses hören würde, sich ganz anders gestalten würde, wenn das Haus mitten in einem grossen Gewässer stände oder wenn sich in der Umgebung desselben nichts befände, das durch Reflexion irgend einen Bruchtheil des Schalles zurücksenden könnte.

Was seine Behauptung betrifft, dass man in einem Zimmer bei geöffnetem Fenster an beliebiger Stelle den Schall von aussen nicht durch die Reflexion an den Mauern hört, sondern gleich als wenn er direct von dem Fenster herkäme, so kann man sich, wie man sieht, dabei wegen der Menge der wiederholten Reflexionen, die gleichsam in einem Augenblicke vor sich gehen, sehr leicht irren, so dass der Schall, welcher sich, gleich als ob er unmittelbar vom Fenster käme, ausbreitet, von dort her oder von sehr nahen Punkten nach einer doppelten Reflexion kommen kann. Ich gestehe ja, dass bei den Wellen oder Kreisen, welche sich an der Oberfläche des Wassers bilden, die Sache sich so verhalten kann, wie Herr Newton es versichert, d. h. dass eine Welle, nachdem sie durch eine Oeffnung hindurchgegangen ist, darauf nach beiden Seiten sich ausdehnt und dort stets schwächer als in der Mitte ist. Beim Schall ist jedoch, behaupte ich, diese seitliche Fortpflanzung für das Ohr unmerklich und bringt ferner beim Lichte auf die Augen durchaus keine Wirkung hervor.

Ich glaubte zuvor, auf die vorstehenden Einwürfe, welche Herrn Newton's Buch anregen konnte, eingehen zu müssen, da ich das grosse Ansehen kenne, das man diesem Werke und zwar mit Recht zollt, denn man findet auf diesem Gebiete nichts Gelehrteres noch etwas, das eine grössere Geistesschärfe bekundete. Es bleiben mir noch zwei Punkte in seinem System zu besprechen, die mir sehr schön zu sein scheinen und mir die Gelegenheit geben, eine Betrachtung daran anzuknüpfen. Ferner werde ich das hinzufügen, was ich in meinen Papieren über die Bewegung der Körper in der Luft oder in einem anderen widerstehenden Medium gefunden habe; diese Bewegung behandelt er übrigens ausführlich in dem 2. Buche.

Das System Herrn Newton's setzt, wie man gesehen hat, voraus, dass die Gewichte sowohl der Planeten gegen die Sonne als auch diejenigen der Satelliten zu ihren Planeten dem umgekehrten quadratischen Verhältnisse ihrer Entfernungen von dem Mittelpunkte ihrer Kreisbahnen gleich sind. Dies bestätigt sich in bewunderungswürdiger Weise durch den Nachweis, den er in Bezug auf den Mond führt, denn die Centrifugalkraft desselben ist dem Gewicht zur Erde hin genau gleich, so dass diese beiden entgegengesetzten Kräfte ihn dort, wo er sich befindet, gerade in der Schwebe halten. Da nämlich die Entfernung von hier bis zum Monde 60 Erdhalbmesser beträgt und folglich das Gewicht in dieser Entfernung $^1/_{3600}$ desjenigen bei uns beträgt, so muss die Centrifugalkraft eines Körpers, der sich wie der Mond bewegen soll, ebenfalls gleich $^1/_{3600}$ des Gewichts an der Erdoberfläche sein. Dies ist in der That der Fall, und die diesbezügliche Berechnung lässt sich leicht ausführen, da man schon weiss, dass die Centrifugalkraft am Aequator $^1/_{289}$ des Gewichtes hier unten auf der Erde beträgt.

Da aber das Beispiel des Mondes die Abnahme des Gewichtes in dem umgekehrten Verhältnisse des Quadrates der Entfernung vom Erdmittelpunkte so gut beweist, so könnte man zweifeln, ob bei den Pendeln nicht noch eine andere Verschiedenheit als diejenige, welche durch die tägliche Rotationsbewegung bedingt wird, vorhanden ist. Denn weil die Erde nicht kugelförmig, sondern ziemlich sphäroidisch ist und weil ein Punkt unter dem Aequator von dem Mittelpunkte entfernter als ein Punkt am Pole ist und zwar in dem Verhältnisse von 578 zu 577, wie weiter oben dargelegt ist, so muss auch das Pendel unter dem Aequator, da die Gewichte in den bezüglichen Gegenden in dem umgekehrten Verhältnisse der Quadrate dieser Entfernungen stehen, in eben diesem Verhältnisse kürzer als ein solches am Pole sein. Es heisst dies, dass die Pendel sich wie 288 zu 289 verhalten oder das Pendel unter dem Aequator um $^1/_{289}$ von demjenigen unter dem Pole kürzer sein würde. Dies ist jedoch gerade dieselbe Differenz, welche aus der oben besprochenen täglichen Rotation oder aus der Centrifugalkraft herstammt. Demgemäss würde eine Uhr mit derselben Pendellänge unter dem Aequator langsamer gehen als unter dem Pole und zwar um das Doppelte der Verspätung, welche von der Erdrotation herrührt; und diese tägliche Differenz würde unter dem Aequator fast fünf Minuten betragen. Unter den übrigen Breitegraden findet man überall einen doppelt so grossen Werth als vorher. Ich bezweifle indessen sehr, dass die Beobachtung diese grosse Abweichung bestätigt, da ich ja gesehen habe, dass bei der erwähnten Reise die erste Gleichung allein genügte und daher der Unterschied um das Doppelte für die Mitte des Weges eine zu grosse Differenz zwischen dem nach der Pendeluhr berechneten Schiffswege und der Schätzung der Piloten ergeben würde. Um nun zu erklären, warum die zweite Variation nicht statthat, sagte ich, dass es nicht so seltsam wäre, wenn die Schwere in der Nähe der Erdoberfläche nicht so genau wie in den höchsten Punkten die Abnahme befolge, welche die verschiedenen Abstände vom Mittelpunkte bedingen; denn es ist möglich, dass die Bewegung der Materie, welche die Schwere verursacht, in der Nähe der Erde irgendwie beeinflusst wird, wie sie es offenbar im Innern wird, da man ja ohnedies behaupten müsste, dass die Schwere, wenn man zum Mittelpunkt geht, in's Unendliche wachsen würde, was nicht wahrscheinlich ist. Im Gegentheil nimmt nach Herrn Newton die Schwere im Innern der Erde in demselben Maasse ab, wie die Körper sich dem Centrum nähern; er bedient sich zum Beweise hierfür eines Satzes, mit dem ich, wie bereits erwähnt, nicht übereinstimme.

Die zweite Auffassung nun besitzt mehr Wahrscheinlichkeit, weil die Theilchen, wie ich in der erwähnten Abhandlung vorausgesetzt habe, sich danach berühren und wegen der Feinheit ihres Gefüges gleichwohl der Bewegung der Planeten nur sehr wenig Widerstand leisten können. Denn man bedenke nur, wie weit die Natur in der Zusammensetzung harter Körper bei wenig Materie gehen kann, zumal da sehr dünn vertheilte oder selbst harte Atome unendlich schnell bewegt sein können. Ohne jedoch die feine Vertheilung in Betracht zu ziehen, kann nach meiner Ansicht die reissende Hin- und Herbewegung des Aeterstoffs viel zu dessen Durchlässigkeit beitragen. Denn wenn die geringe Geschwindigkeit der Moleküle des Wassers es flüssig macht und für die darin schwimmenden Körper einen viel geringeren Widerstand, als Sand oder irgend ein feines Pulver leistet, bedingt, so muss ein viel feineres und unendlich bewegteres Medium auch um ebenso viel leichter zu durchdringen sein.

Wie dem auch sein mag, wir sehen jedenfalls, dass die Natur Räume zu schaffen strebt, in welchen Körper sich mit sehr geringem Widerstand bewegen, denn dies erkennt man an dem Widerstand, den unsere Hände in der Luft spüren, und nach deutlicher aus den Versuchen, welche man in luftleer gepumpten Glasgefässen anstellt, da darin die leichteste Feder mit derselben Geschwindigkeit wie eine Bleikugel fällt. Wenn man behauptet, dass dies von der geringen Dichte der in dem Vacuum zurückgebliebenen Substanz herrührt, so möchte ich im Gegentheil dazu anführen, dass man darin, wie man in dem oben beschriebenen Versuche gesehen hat, die Wirkung einer ausserordentlich wuchtigen Substanz erkennt.

Gehen wir nun auf die Deductionen ein, welche Herr Newton in dem 6. Satz des 3. Buches zum Beweise für die ausserordentlich geringe Dichtigkeit des Aethers angestellt hat; danach verhalten sich die Gewichte der Körper wie die in ihnen enthaltenen Stoffmengen, so dass unter dieser Voraussetzung, wenn die Luft- oder Aetherräume ebenso mit Materie wie Gold oder Silber angefüllt wären, diese Metalle darin nicht fallen würden, weil ein fester Körper, der kein grösseres specifisches Gewicht als eine Flüssigkeit besitzt, darin nicht würde einsinken können. Ich erkläre, dass ich damit übereinstimme, dass die Gewichte der Körper von den Mengen ihrer Materie abhängen; ich habe es ja selbst in der vorliegenden Abhandlung gezeigt. Ich habe aber auch nachgewiesen, dass die Körper, welche wir als schwere bezeichnen, durch die Centrifugalkraft einer Materie, welche selbst nicht zum Mittelpunkt der Erde hin, sondern sich davon zu entfernen strebt, das Gewicht gleichsam eingedrückt erhalten. Diese Materie kann, ohne den Fall der schwer genannten Körper zu hindern, ganz gut den gesammten von anderen Körperchen nicht erfüllten Raum um die Erde einnehmen, da sie ja im Gegentheil die einzige zwingende Ursache für deren Schwere ist. Es würde eine andere Sache sein, wenn man voraussetzte, dass die Schwere eine einhärente Eigenschaft der körplichen Materie wäre. Aber hiermit dürfte nach meiner Meinung Herr Newton nicht übereinstimmen, weil eine solche Hypothese uns von den mathematischen oder mechanischen Prinzipien weit entfernen würde.

Was mir noch in Betreff seines Systems zu bemerken übrig bleibt und was mir sehr gefallen hat, ist, dass er, indem er die Entfernung von hier bis zur Sonne als bekannt voraussetzt, ein Mittel zur Bestimmung der Schwere gefunden hat, welche die Bewohner des Saturn oder Jupiter im Vergleich mit derjenigen auf der Erde beobachten würden, und welches ferner ihr Maass an der Oberfläche der Sonne ist. Diese Dinge scheinen zunächst unserer Betrachtung sehr fern zu liegen, sind aber dennoch Folgerungen aus den Grundsätzen, welche ich kurz vorher auseinander gesetzt habe.

Jene Bestimmung ist bei denjenigen Planeten, welche einen oder mehrere Trabanten haben, darum möglich, weil die periodischen Umlaufszeiten derselben und ihre Entfernungen von den Planeten, die von ihnen begleitet werden, sich in die Rechnung einführen lassen. Herr Newton findet dadurch, dass die Schwere an der Oberfläche der Sonne, des

Jupiter, des Saturn und der Erde gleich dem Verhältniss der Zahlen 10000, 804½, 536, 805½ ist. Freilich ist hierin eine gewisse Unsicherheit wegen der nicht genau genug bekannten Entfernung der Sonne enthalten; dieselbe ist in der Rechnung zu ungefähr 5000 Erdhalbmessern angenommen, anstatt dass sie nach der Messung Herrn Cassini's ungefähr 10000 beträgt, was dem Resultate, das ich früher aus Wahrscheinlichkeitsgründen in meinem Saturnsystem gefunden hatte, nämlich 12000, so ziemlich nahe kommt. Ich bin auch etwas anderer Ansicht über die Planetendurchmesser. Nach meiner Schätzung verhält sich die Schwere auf dem Jupiter zu derjenigen auf der Erde wie 13 zu 10, während Herr Newton sie als gleich oder als unmerklich verschieden ansetzt. Das Gewicht auf der Sonne dagegen, das nach den soeben angeführten Zahlen ungefähr 12 mal grösser als auf unserer Erde wäre, finde ich 26 mal grösser. Hieraus folgt, wenn man die Schwere in der von mir angegebenen Weise erklärt, dass die flüssige Materie in der Nähe der Sonne eine 49 mal grössere Geschwindigkeit haben muss als diejenige, welche wir in der Erdnähe gefunden haben; diese war aber bereits 17 mal grösser als die Geschwindigkeit eines Punktes auf dem Aequator. Dies ist nun eine so furchtbare Geschwindigkeit, dass sie mich auf dem Gedanken geführt hat, ob sie nicht etwa die Ursache des glänzenden Sonnenlichtes würde sein können, wenn man annimmt, dass das Licht so erzeugt wird, wie ich es in der Schrift über diesen Gegenstand erkläre, d. h. dass die Sonnenpartikel, welche in einer sehr feinen und äusserst bewegten Materie schwimmen, gegen die sie umgebenden Aetheratome stossen. Denn wenn das Vibriren einer solchen Materie durch die Bewegung, welche sie hier auf der Erde besitzt, das Leuchten einer Kerzenflamme oder des angezündeten Kampfers hervorbringen kann, wie viel mal stärker wird sie erst dieses Leuchten durch eine 49 mal schnellere und heftigere Bewegung machen?

Ich habe das, was Herr Newton über den Fall und den Wurf der schweren Körper in der Luft oder in einem anderen der Bewegung Widerstand leistenden Medium geschrieben hat, mit Vergnügen gelesen, da ich mich früher mit derselben Untersuchung beschäftigt habe. Da nun dieser Gegenstand zum Theil dem Gebiet der Schwere angehört, so glaube ich das mittheilen zu dürfen, was ich damals darüber entdeckte. Indessen will ich es nur abgekürzt und ohne die Beifügung der Beweise bringen; denn ich habe es verabsäumt, sie zu vollenden, weil mir diese

Speculationen weder hinsichtlich der Folgerungen noch auch im Verhältniss zu der darin enthaltenen Schwierigkeit nützlich genug zu sein schienen.

Ich habe diese Bewegungen zuerst unter der Voraussetzung untersucht, dass sich die Widerstände wie die Geschwindigkeiten der Körper verhalten, da mir dies damals sehr wahrscheinlich schien. Als ich aber das, was ich suchte, gefunden hatte, erkannte ich fast zur selben Zeit durch die Versuche, welche wir in Paris in der Akademie der Wissenschaften anstellten, dass der Widerstand der Luft und des Wassers den Quadraten der Geschwindigkeiten proportional ist. Der Grund dafür ist nun ziemlich leicht einzusehen, denn ein Körper, welcher sich beispielsweise mit der doppelten Geschwindigkeit bewegt, wird von zweimal so viel Luft- oder Wassermolekülen und mit der doppelten Geschwindigkeit getroffen. Ich sah also, dass meine neue Theorie umgestürzt oder wenigstens nutzlos war. Hierauf beabsichtigte ich auch die Vorgänge zu untersuchen, so bald man die richtige Grundannahme über die Widerstände voraussetzt; ich erkannte jedoch bald, dass dies Problem viel schwieriger war und zwar besonders betreffs der gekrümmten Bahnen, welche die schräg geworfenen Körper durchlaufen.

Als ich bei der ersten Annahme, nach welcher die Widerstände sich wie die Geschwindigkeiten verhalten, die in bestimmten Zeiten durchlaufenen Wege ermitteln und die Endgeschwindigkeiten kennen lernen wollte, bemerkte ich, dass, wenn die Körper senkrecht fallen oder aufsteigen, eine krumme Linie, welche ich lange Zeit vorher untersucht hatte, entstand und dieselbe in dieser Untersuchung von grossem Nutzen war. Man kann sie die logarithmische oder logistische Kurve nennen, denn ich sehe, dass man ihr noch keinen Namen gegeben hat, obwohl andere Forscher sie schon früher betrachtet haben. Da diese Linie in's Unendliche geht, so hat sie eine gerade Linie, wie DE, zur Asymptote, wenn man auf dieser beliebige gleiche, aufeinander folgende Strecken, wie D G, G F, abträgt und in den Punkten D, G, F Lothe bis zur Kurve errichtet, nämlich D A, G H, F B, so werden

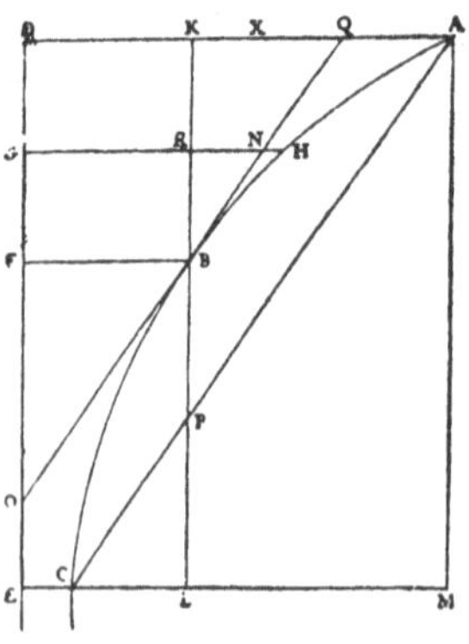

diese Linien beständig einander proportional sein. Hieraus ersieht man, dass man leicht so viel Punkte, als man will, auf dieser Kurve bestimmen kann; ich werde jedoch einige Eigenschaften derselben, welche betrachtet zu werden verdienen, in der Folge erwähnen.

Um zunächst die Fallgesetze zu erläutern, wiederhole ich hier dasjenige, was ich am Ende der Abhandlung über das Bewegungscentrum geschrieben habe: dass nämlich ein Körper bei dem schrägen Fall durch die Luft seine Geschwindigkeit beständig, aber stets in der Weise vermehrt, dass er niemals eine bestimmte Grenze überschreiten oder sie ganz erreichen kann. Dies ist diejenige Geschwindigkeit, mit welcher die Luft von der Tiefe in die Höhe wehen müsste, um den Körper in der Schwebe zu halten, ohne dass er fallen könnte; denn dann ist der Widerstand der Luft gegen diesen Körper gleich seinem Gewichte. Ich nenne diese Geschwindigkeit bei jedem Körper die Grenzgeschwindigkeit.

Es wird nun ein schwerer Körper senkrecht in die Höhe geworfen mit einer Geschwindigkeit, deren Verhältniss zur Grenzgeschwindigkeit gegeben sein mag, z. B. gleich dem Verhältniss der Strecke A K zu der Strecke K D, die auf der Ordinate A D, der Normalen zur Asymptote D E, liegt; es möge ferner K B parallel zu dieser Asymptote gezogen sein, und die Kurve im Punkte B von der Geraden B O berührt werden, welche D E in O und D A in Q schneidet. Diese Tangente findet man, wenn F O von der Ordinate B F aus gleich einer bestimmten, für alle Tangenten gleichen Strecke gemacht wird, welche ich in der Folge bestimmen werde. Ferner sei A C dieser Tangente parallel und schneide die verlängerte K B im Punkte P, während von dem Punkte C, ihrem Schnittpunkt mit der Kurve C L M parallel zu der die verlängerte K B schneidenden Geraden A D, und A M parallel zu der Asymptote bis zu den Punkten L und M gezogen werden mag. Jetzt verhält sich die Zeit, welche der Körper zum Aufsteigen bis zu der erreichbaren Höhe gebraucht, zu der Zeit seines Falles von eben dieser Höhe wie die Linie K B zu B L.

Die Zeit, welche der Körper zum Aufsteigen durch die Luft gebraucht, wenn er in der verlangten Weise hochgeworfen wird, verhält sich nun zu der Zeit, welche er zum Aufsteigen ohne Widerstand gebrauchen würde, wie K B zu K P.

Die Höhe, bis zu welcher er in der Luft aufsteigen würde, verhält sich zu derjenigen, bis zu der er ohne

Widerstand gelangen würde, wie die Fläche A B K zum Dreieck A P K oder wie Q A zu A X, die ich gleich der halben dritten Proportionale aus den Linien D K und K A setze.

Die Geschwindigkeit, welche er beim Beginnn des Aufsteigens hat, verhält sich zu derjenigen, welche er bei der Rückkehr auf der Erde besitzt, wie M L zu L C.

Mit Hilfe derselben Linie findet man ferner, welche Kurve ein schräg aufwärts geworfener Körper durchläuft. Wenn nämlich in derselben Figur der Elevationswinkel über die Horizontale L M B ist und die nach oben gerichtete Anfangsgeschwindigkeit sich zur Grenzgeschwindigkeit wie A K zu K D verhalten soll, so wiederhole man die vorige Construction und ziehe die Gerade A S, welche die Kurve A B C in A berührt und K B in S schneidet. Dann soll sich ferner S P zu P B wie R L zu L T verhalten und über der Basis M C eine dem Segment A B C P ähnliche Figur so gezeichnet sein, dass die parallelen und von der Asymptote D E gleich weit entfernten Strecken in beiden Figuren überall dasselbe Verhältniss wie B P zu T L haben. Dies ergiebt die Kurve M T C, welche die gesuchte Wurfbahn bezeichnet.

Da nun die Steighöhe beim Widerstand sich zur Höhe des freien Wurfs wie Q A zu A X verhält, so wird, wenn man der Strecke T L gerade dies Verhältniss zu einer anderen Geraden V Z giebt, dies die Höhe der Parabel M V sein, so dass der in M begonnene freie Wurf dieselbe Geschwindigkeit und Richtung M R erlangt, wie der andere Wurf hatte.

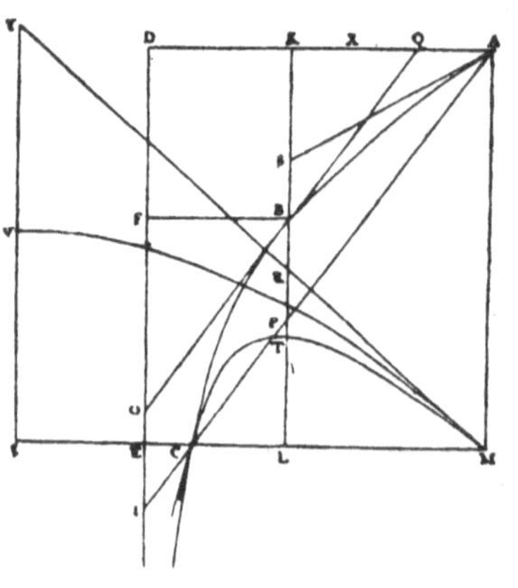

Wenn man nun in dem Winkel L M R auf M C das Loth Y Z errichtet und es doppelt so gross als V Z macht, so erhält man den Scheitel der Parabel in V, dem Mittelpunkte von Y Z, und ihre halbe Basis oder halbe Amplitude (Wurfweite) M Z.

Wie noch hervorzuheben ist, findet man unter der Voraussetzung, dass die verticale Geschwindigkeit dieselbe bleibt, selbst bei beliebigem Elevationswinkel L M R dieselbe Amplitude

M C. Man muss jedoch davon unterrichtet sein, dass man auf diese Weise nur die Wurfbahnen und nicht die Höhen und Wurfweiten der verschiedenen mit einander verglichenen Würfe findet. Denn sie müssen alle dieselbe Höhe besitzen, wenn die verticale Geschwindigkeit dieselbe ist. Darum muss eine jede so gefundene Wurfbahn auf eine ähnliche Bahn von gleicher Höhe sich zurückführen lassen, wenn man das Verhältniss der Wurfweiten und Höhen der verschiedenen Würfe zu einander erkennen will.

Ich füge hier noch hinzu, dass die logarithmische Linie nicht nur zur Bestimmung der Wurfbahn dient, sondern dass sie in einem Falle diese Bahn selbst ist, nämlich dann, wenn man einen Körper schräg nach unten wirft, so dass er wie beim senkrechten Fall die Grenzgeschwindigkeit erreicht. Denn dann wird der Körper genau die Krümmung einer solchen Kurve beschreiben, indem er sich stets der Asymptote nähert, ohne sie erreichen zu können. Der Charakter dieser Linie wird dadurch bestimmt, dass ihre Subtangente (ich nenne so die Linie F O, welche für alle Tangenten denselben Werth hat,) gleich der doppelten Höhe ist, bis zu welcher die Grenzgeschwindigkeit den Körper ohne den Widerstand des Mittels aufsteigen lassen kann.

Dies sind die Resultate, welche ich unter der Annahme gefunden habe, dass der Widerstand der Geschwindigkeit proportional sei; da aber diese ganze Theorie, wie ich gesagt habe, sich auf ein Axiom gründet, das die Natur beim Widerstand in der Luft und im Wasser nicht befolgt, so vernachlässigte ich sie gänzlich und habe sie erst gelegentlich der Abhandlung Herrn Newton's wieder aufgenommen, um zu sehen, ob die Resultate, welche wir auf sehr verschiedenen Wegen aufgefunden hatten, vollständig, wie es der Fall sein musste, mit einander übereinstimmten. Es bestätigte sich dies, denn die Construction der Wurfbahn, welche er in dem 4. Satze des zweiten Buches giebt, bringt, obwohl sie ganz anders als die meinige und schwieriger ist, dennoch dieselbe Kurve hervor, wie man durch den Augenschein beweisen kann. Als ich mittelst der richtigen Widerstandshypothese, nach welcher derselbe dem Quadrate der Geschwindigkeit proportional ist, den Vorgang untersuchte, hatte ich blos den Specialfall bestimmt, wenn ein Körper mit seiner Grenzgeschwindigkeit in die Höhe geworfen ist, d. h., wenn die Zeit während seiner ganzen Erhebung in die Luft zu der nothwendigen Aufstiegszeit für die Höhe, bis zu der er ohne Widerstand gelangt, sich wie der Kreis zu dem ihm umschriebenen

Quadrate verhält. Nun verhält sich die Höhe des ersten Wurfs zur Höhe des zweiten wie die Fläche zwischen einer Hyperbel und ihrer Asymptote, die durch zwei der anderen Asymptote parallele, im Verhältniss von 2 zu 1 stehende Geraden begrenzt ist, zu dem Rechteck oder Parallelogramm derselben Hyperbel, d. h. wie die Fläche A M D K in der nebenstehenden Figur zu dem Quadrate über AC. Ich hatte die anderen Fälle nicht untersucht, welche in dem sehr schönen 9. Satze des zweiten Buches Herrn Newtons allgemein zusammengefasst werden. Daran verhinderte mich der Umstand, dass ich auf dem von mir eingeschlagenen Wege kein Maass für die Fallräume der Körper fand, wenn ich nicht die Quadratur einer bestimmten Kurve voraussetzte, die meines Wissens von der Quadratur der Hyperbel abhängig ist. Ich führte den Flächeninhalt dieser Kurve auf die unendliche geometrische Reihe $a + \frac{1}{3} a^3 + \frac{1}{5} a^5 + \frac{1}{7} a^7$ etc. zurück. Ich wusste nicht, dass dieselbe Reihe auch das Maass des Hyperbelsectors giebt; ich habe dies inzwischen aus der Vergleichung des Newton'schen Beweises mit dem von mir gefundenen erkannt.

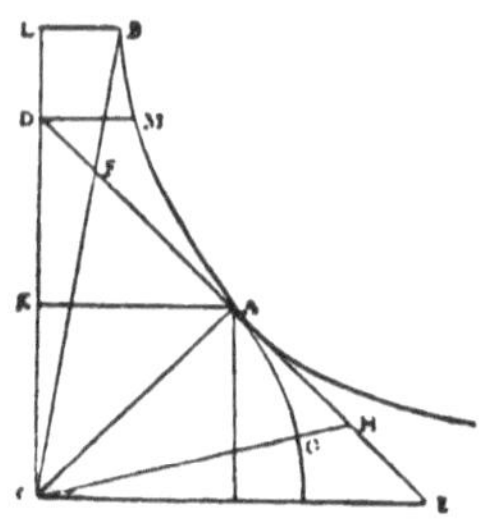

Da aber meines Wissens diese Reihe noch nicht als das Maass der Hyperbel nachgewiesen ist, so will ich hier auseinandersetzen, auf welche Weise sie dazu dient. Es sei A B eine Hyperbel, deren Asymptoten D C, C E einen rechten Winkel bilden sollen, deren Halbachse C A auf der Hyperbeltangente D A E senkrecht steht; ferner sei A C B ein Sector, und die Linie C B möge A D in F schneiden. Nimmt man jetzt A C oder A D zur Maasseinheit und bezeichnet A F mit a, das ein echter Bruch ist, so bald A F und A D commensurabel sind, so verhält sich, behaupte ich, die Summe der unendlichen Reihe $a + \frac{1}{3} a^3 + \frac{1}{5} a^5 + \frac{1}{7} a^7 + \ldots$ zu 1 wie der Sector A C B zu dem Dreieck A C D, oder wenn man die Senkrechten A K, B L auf die Asymptote fällt, kann man das gleiche von der Fläche A B L K sagen, welche gleich dem Sector ist, wie man leicht aus der Gleichheit der Dreiecke C A K, C B L erkennt. Daher entspricht die Reihe für die Hyperbel derjenigen, welche Herr Leibnitz für den

Kreis gegeben hat, wenn nämlich demgemäss A C G der Sector des Kreises ist, der A C zum Radius hat, und wenn C G die A E in H schneidet, so verhält sich, wenn man A H mit a bezeichnet und A E gleich 1 ist, die Summe der geometrischen Reihe $a - \frac{1}{3} a^3 + \frac{1}{5} a^5 - \frac{1}{7} a^7 + - ..$ zu 1 wie der Sector A C G zu dem Dreiecke A C E oder wie der Bogen A G zu der Geraden A E.

Was die Bahn des schiefen Wurfes anbetrifft, so genügt es bei einer solchen Widerstandsart ebenso wie bei der ersten Annahme, die horizontale und verticale Bewegung eines Körpers zu kennen, um daraus die schräge Bewegung zusammenzusetzen; man erhält dadurch das Mittel zur Bestimmung von Punkten, durch welche die Kurve hindurchgehen muss. Die erwähnte logarithmische Linie würde auch hierbei nützlich sein, wenn man sie sich so drehen liesse, dass ihre Asymptote der Horizontalen parallel ist, weil sie selbst dann die Wurfbahn in demselben Falle sein würde, in welchem sie es nach meiner Angabe auch vorher war. Indessen findet eine solche Zusammensetzung der Bewegung hier nicht statt, weil die Abnahme der verzögerten Bewegung auf der Diagonale eines Rechteckes den Abnahmen der Componenten nicht proportional ist. Es ist daher äusserst schwierig, wenn nicht ganz unmöglich, dies Problem aufzulösen.

Wenn man die horizontale Bewegung, wie z. B. diejenige einer Kugel, welche auf einer polirten Platte rollt, besonders betrachtet, so ist dafür bemerkenswerth, dass sie abgesehen von dem Widerstand des Mittels, bis in's Unendliche gehen muss, während sie, wenn der Widerstand der Geschwindigkeit proportional ist, begrenzt ist und niemals eine bestimmte Grenze erreicht. Diese Unendlichkeit ergiebt sich ebenso nach dem 5. Satze des zweiten Buches des Newton'schen Werkes daraus, dass die zwischen der Hyperbel und ihren Asymptoten emthaltene Fläche unendlich gross ist.

Die Eigenschaften der logarithmischen Kurve, welche ich anzugeben versprochen habe und von denen einige zur Auffindung meiner Bemerkungen über die Bewegung durch die Luft beigetragen haben, sind die folgenden; weggelassen ist jedoch nur die erstgenannte über die Proportionalität der Ordinaten zu der Asymptote; dieselben sind gleich weit von einander entfernt und gestatten daher mit Hilfe jener Proportion Kurvenpunkte zu finden.

1. Die Flächen, welche zwischen den beiden zur Asymptote gezogenen Ordinaten enthalten sind, verhalten sich zu einander wie die Differenzen dieser Ordinaten. In der nebenstehenden Figur, in welcher A V D die logistische Linie, B O ihre Asymptote ist und A B, V C, D Q die Ordinaten sind, von denen die letzteren in ihrer Verlängerung die zur Asymptote parallele Linie A K in E und K treffen, verhalten sich demnach die Flächen A B C V, A B Q D zu einander wie die Geraden E V und K D.

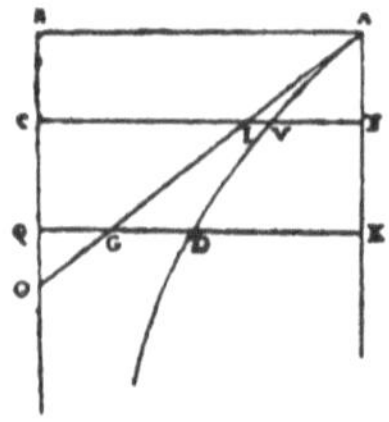

2. Unter derselben Voraussetzung und wenn A O, die Tangente im Punkte A, C E und Q K in I und G schneidet, verhalten sich die Flächen A V E und A D K unter einander wie die Geraden V I und D G.

3. Die zwischen den beiden Ordinaten liegende Fläche verhält sich zu dem unendlichen Flächenraum, welcher von der kleinsten Ordinate aus sich zwischen der logistischen Linie und ihrer Asymptote erstreckt, wie die Differenz derselben Ordinaten zu der kleinsten. Wenn ich behauptete, dass die unendliche Fläche zu einer endlichen Fläche ein bestimmtes Verhältniss hat, so zeigt dies an, dass sie sich allmählich der Grösse einer gegebenen Fläche nähert, welche dies Verhältniss zu der endlichen Fläche besitzt, und dass der Unterschied kleiner als irgend eine gegebene Fläche werden kann. In der vorstehenden Figur verhält sich die Fläche A B Q D zu der Fläche, welche sich von D Q ab zwischen der Kurve und der Asymptote ausdehnt, wie K D zu D Q.

4. Die Subtangente, wie in derselben Figur B O, hat stets ein und dieselbe Grösse, welchen Punkten der logistischen Linie die Tangente auch angehört.

5. Die Länge jener findet man durch Annäherung; sie verhält sich zum Asymptotenstück, welches zwischen den Ordinaten vom Verhältniss 1 zu 2 liegt, wie 434294481903251804 zu 301039995663981195 oder ziemlich genau wie 13 zu 9.

6. Wenn drei Ordinaten vorhanden sind, wie etwa in der nachstehenden Figur A D, H G, B F, und wenn man durch den zur kleinsten gehörigen Kurvenpunkt zur Asymptote eine Parallele zieht, welche die beiden Ordinaten in R und K schneidet, und eine Tangente B Q, welche sie in N und Q schneidet, so verhalten sich die von drei

Linien begrenzten Flächen A B K, H B R zu einander wie die Ordinatenabschnitte zwischen der Kurve und der Tangente, nämlich wie A Q zu H N.

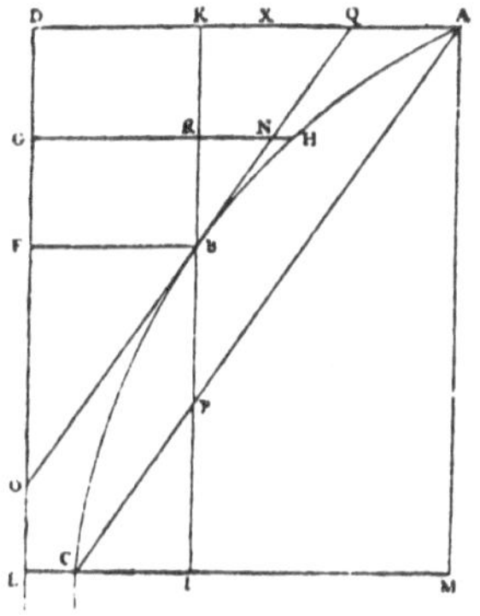

7. Die unendliche Fläche zwischen einer Ordinate, der Logistik und ihrer Asymptote und zwar auf der Seite, auf welcher die beiden letzteren sich einander nach und nach nähern, ist das Doppelte des Dreiecks, welches die Ordinate und die durch denselben Punkt wie die Ordinate gezogene Tangente und die Subtangente bilden. Demnach ist in derselben Figur die unendliche Fläche von der Ordinate B F ab doppelt so gross als das Dreieck B F O.

8. Das zwischen zwei Ordinaten liegende Flächenstück ist gleich dem Rechteck aus der Tangente und der Differenz derselben Ordinaten. In der letzten Figur ist demnach die Fläche A D, F B gleich dem Rechteck aus der Subtangente F O und aus K A.

9. Der körperliche Raum, welchen das unendliche Flächenstück von einer Ordinate ab durch Rotation um die Asymptote bildet, ist das Einundeinhalbfache des Kegels, dessen Höhe gleich der Subtangente und dessen Basisdurchmesser gleich jener Ordinate ist. Daher ist der unendliche körperliche Raum, welchen B F F C durch Rotation um F O erzeugt, gleich dem Einundeinhalbfachen des Kegels, welcher durch die Rotation des Dreiecks B F O um dieselbe Gerade F O entsteht.

10. Der Körper, welcher durch die Drehung derselben unendlichen Fläche um die Ordinate B F, bei welcher er beginnt, erzeugt wird, ist das Sechsfache des Kegels, den das Dreieck B F O durch seine Rotation um B F bildet. Aus den angegebenen Maassverhältnissen der Körper folgt:

11. dass der Schwerpunkt des unendlichen Raumes von einer Ordinate ab von derselben um die Länge der Subtangente entfernt ist,

12. dass der selbige Schwerpunkt von der Asymptote um ein Viertel der Ordinate entfernt ist.

13. Ich hatte auch gefunden, dass der Schwerpunkt des erst erwähnten Körpers von der Basis um die Hälfte der Subtangente entfernt ist;

14. dass ferner der Schwerpunkt des anderen Körpers von seiner unendlichen Grundfläche um ein Achtel seiner Achse absteht.

15. Es ist ziemlich bekannt, dass die logistische Linie zur Quadratur der Hyperbel seit den Beweisen des P. Greg. de St. Vincent benutzt wird, der die Hyperbelflächen, welche zwischen zwei auf einer der Asymptoten senkrechten Ordinaten liegen, behandelte. Es giebt nun zwei derartige Flächen; die Ordinaten der einen verhalten sich wie A D zu H G in der letzten Figur und die Ordinaten der anderen wie B F zu C E, so dass sich die Flächen zu einander wie die Linien D G zu F E verhalten. Aber man hat meines Wissens nicht bemerkt, dass gerade diese Hyperbelflächen zu dem Hyperbelparallelogramm (ich nenne so das Parallelogramm, dessen Seiten die beiden Ordinaten sind, welche von ein und demselben Punkte des Schnittes nach den Asymptoten gezogen sind) wie jede der Linien D G, F E zu der Subtangente F O sich verhalten. Wenn man demnach das Hyperbelparallelogramm gleich 0,4342944819 Theilen setzt, so wird jedes Hyperbelstück, das zwischen zwei zu einer der Asymptoten gehörigen Ordinaten liegt, sich zu diesem Parallelogramm wie der Logarithmus des Verhältnisses derselben Ordinaten, d. h. wie die logarithmische Differenz der Zahlen, welche das Verhältniss der Ordinaten ausdrücken, zu der Zahl 0,4342944819 verhalten, wenn man mit Ausnahme der Charakteristik, dekadische Logarithmen nimmt.

Hierdurch lässt sich nun die Hyperbelquadratur ausführen, welche ich in meinem Horologium Oscillatorium in der Abhandlung über die Berechnung der Kurven geliefert habe.

Ende.

Druckfehler-Berichtigung.

Seite 29, Zeile 4 v. o. muss es statt: $- a \frac{n a}{p}$ heissen: $a - \frac{n a}{p}$.

INHALT.

Seite

Unterschied zwischen meiner Erklärung der Schwere und derjenigen Descartes' 6
Vergleich der Centrifugalkraft mit der Schwerkraft 6
Wie sie das Gewicht verursachen kann 6
Ein Versuch, welcher die Wirkungsweise der Schwere darstellt . 7
Versuch von Descartes zu demselben Zweck 8
Grundvoraussetzung zur Erklärung der Schwere 10
Ihre Definition 12
Warum man die Bewegung der Materie, welche die Schwere bedingt, nicht bemerkt 13
Existenz noch anderer Stoffe in der Luft 13
Die Substanz, welche die Schwere verursacht, durchdringt die Poren aller bekannten Körper 14
Ursache der verschiedenen Gewichte der Körper 14
Die Gewichte der Körper haben dasselbe Verhältniss wie die sie bildenden Massen der Materie 14
Widerlegung der entgegengesetzten Ansicht Descartes' 15
Ueber die Geschwindigkeit der Materie, durch welche das Gewicht der Erde bedingt wird 16
Die reissende Geschwindigkeit dieser Substanz dient zur Erklärung mehrerer anderer Naturerscheinungen 17
Diese Geschwindigkeit ist auch die Ursache der beständigen Beschleunigung der fallenden Körper 17
Das Wachsen derselben im Verhältniss der Zeiten 17
Die Beobachtung der Verkürzung des Sekundenpendels in der Nähe des Aequators 18
Der Grund dieser Erscheinung 20
Um wieviel die Pendeluhren nachbleiben, wenn man zum Aequator reist und wie man diese Verspätungen berechnen kann . . 22
Das Bleiloth ist nicht nach dem Erdmittelpunkt hin gerichtet . . 23
Die Erde ist keine Kugel 23
Versuch mit Pendeluhren, um die Länge auf dem Meere zu bestimmen 25
Mittel, die Gestalt der Erde zu bestimmen 26
Gestalt der Erde bei viel schnellerer Rotation 28
Betrachtungen über das Newton'sche System 29
Widersprüche der Descartes'schen Wirbeltheorie. 30
Ueber die geringe Dichte des Aethers 32
Betrachtung über die Ausbreitung des Lichtes in gerader Linie . 32
Bemerkung über den Mond, der die Abnahme der Schwere im umgekehrten quadratischen Verhältnisse der Entfernungen vom Erdmittelpunkt bestätigt 34
Frage, ob hierdurch eine Störung in den Pendeluhren bedingt wird 35
Die Dichtigkeit des Aethers hindert die Schwere der Körper nicht 35
Ueber die Schwere auf den Planeten Saturn und Jupiter und an der Sonnenoberfläche 37
Schluss über die Ursache des intensiven Sonnenlichtes 37
Ueber die Bewegung der schweren Körper beim Fall oder Wurf in einem widerstehenden Mittel 38
Bemerkenswerthe Eigenschaften der logarithmischen Linie . . . 43

Albert Friedländer's Druckerei, Berlin C.

Albert Friedländer's Druckerei, Berlin SW., Jerusalemerstr. 66.

FSC
www.fsc.org
MIX
Papier | Fördert gute Waldnutzung
FSC® C083411

Zeitfracht Medien GmbH
Ferdinand-Jühlke-Straße 7
99095 Erfurt, Deutschland
produktsicherheit@kolibri360.de